फसलों के रोग : परिचय एवं प्रबंधन

लेखक एवं सम्पादन :

डॉ. ऋतु मावर

लाधु राम

डॉ. दीपेश

SCIENTIFIC PUBLISHERS
Research · Publish · Inspire

प्रकाशक

साईन्टिफिक पब्लिशर्स (इण्डिया)

5–ए, न्यू पाली रोड, पो. बा. नं. 91
जोधपुर–342 001 (राज.)
टेलिफोन : 0291–2433323
E-mail : info@scientificpub.com

ISBN: 978-93-86237-63-2

Visit the Scientific Publishers (India) website at:
http://www.scientificpub.com

भारत में मुद्रित

प्राक्कथन

आज कृषि उत्पादन को लगातार बढ़ाना कृषि वैज्ञानिकों के सामने बड़ी चुनौती है। इस देश में वर्ष भर मे विभिन्न प्रकार की फसलें उगाई जाती हैं। इन फसलों में कई प्रकार के रोग लगते हैं जो फसलों को काफी नुकसान पहुँचाते हैं। ये रोग फसलों में उत्पादकता को कम कर देते हैं। फसलों में रोग उत्पन्न करने के लिए बहुत से रोगकारक जैसे:- कवक, जीवाणु, विषाणु, फाइटोप्लाज्मा, सूत्रकृमि इत्यादि जिम्मेदार है, जिनकी वजह से फसलों व सब्जियों के उत्पादन एवं उनकी गुणवत्ता में कमी आती है। फसलों व सब्जियों में अधिकतर रोग कवकों द्वारा उत्पन्न होते हैं पौध तैयार करने से लेकर उत्पादन, भण्डारण एवं विपणन तक सूक्ष्मजीवों द्वारा होने वाली व्याधियाँ फसल उत्पादन में मुख्य बाधाएँ हैं। उपरोक्त बातो को ध्यान मे रखते हुए यह हमारे सामने बड़ी चुनौती है कि इन व्याधियों का समय रहते एकीकृत रोग प्रबन्धन किया जा सकें।जिसमें भारत के सबसे बडे. राज्य राजस्थान में लगभग 20 लाख हेक्टेयर क्षेत्र की खेती होती है। शुष्क क्षेत्र भारत के कुल क्षेत्रफल के करीब 10 प्रतिशत भाग में राजस्थान, हरियाणा, गुजरात, पंजाब, महाराष्ट्र, कर्नाटक व आंध्रप्रदेश में फैला हुआ है। राजस्थान का मौसम शुष्क व गर्म है। यहां के भू-भाग का एक बड़ा हिस्सा सूखा है। कम व अनियमित वर्षा के कारण इसके अधिकतर भाग में सूखा रोधी फसलों जैसे बाजरा, ग्वार, मूंग, मोठ, चवला, तिल, ज्वार आदि की ही खेती होती है। इन्हें 'वर्षा सिंचित फसल' के नाम से भी जाना जाता है। इस कारण राजस्थान में कृषि को मानसून का जुआ कहा जाता है। गत तीन दशकों में जबसे इन्दिरा गांधी नहर परियोजना के द्वारा हिमालय का पानी थार के रेगिस्तान में पहुँचा है तब से कई और सिंचित फसलों के क्षेत्रफल में बढ़ोतरी हुई है। इस तरह शरद ऋतु में भी जीरा, इसबगोल, सरसों, गेहूँ आदि की बुवाई काफी बड़े क्षेत्र में की जाती है। अभी नर्मदा नहर के आगमन से मूंगफली, गाजर, कपास, अरण्डी व कई तरह की सब्जियों की खेती भी कई हजार हेक्टेयर में किसान भाई करने लगे हैं। पिछले चार दशकों में इस भौगोलिक क्षेत्र में कार्यरत कृषि

अनुसंधान संस्थानों व कृषि विश्वविद्यालयों के पौध व्याधि विशेषज्ञों ने अनुसंधान द्वारा इन फसलों में रोग नियंत्रण के कई उपाय निकाले हैं। जिनको अपनाने से किसानों को अपने खेत से अच्छी पैदावार मिल सकती है। इन रोग नियंत्रण विधियों का प्रसार किसानों तक पूर्ण रूप से नहीं हो पा रहा है। प्राय: यह देखा गया है कि किसान अपनी फसल में रोग लगने के बाद किसी अनुसंधान केन्द्र में पहुंच कर रोग ग्रसित पौधों को दिखाकर राय लेता है व सही दवाई लेकर खेत में जाता है तब तक रोग से काफी नुकसान हो चुका होता है। इस क्षेत्र में फसलों को होने वाले रोगों व उनकी रोकथाम के उपायों के बारे में अंग्रेजी भाषा में तो काफी जानकारी उपलब्ध है लेकिन हिन्दी भाषा में इस विषय पर अधिक सामग्री नहीं है। इस कमी को पूरा करने के लिए सरल हिन्दी भाषा में यह प्रयास किया गया है।

हमें आशा है कि इस पुस्तक में प्रस्तुत सामग्री से विद्यार्थी, किसान भाई, कृषि प्रसार अधिकारी, ग्राम सेवक व स्वयं सेवी संस्थाओं के कार्यकर्त्ता लाभान्वित होंगे। इसमें रहने वाली त्रुटियों के लिए हम क्षमाप्रार्थी है व भविष्य में इसके सुधार के लिए सुझाव का हम हमेशा स्वागत करेंगे।

- लेखकगण

विषय सूची

क्र. सं. विषय – वस्तु पृष्ठ सं.

भाग–1

राजस्थान में फसल उत्पादन एवं उनका रोग निवारण

भाग-2
रोग प्रबंधन की गैर रासायनिक तकनीकियाँ

भाग-3
NET एवं ARS में गत वर्षों में पूछे गये महत्त्वपूर्ण प्रश्नोत्तर

भाग-4
चित्रावली

भाग–1

फसलों के रोग : परिचय एवं प्रबंधन

1
गेहूँ

वैज्ञानिक नाम : *टिट्रिकम एस्टिवम* कुल– **पोएसी**

गेहूँ रबी की मुख्य खाद्य फसल है। यह प्राय: सभी भू–भागों पर उगाया जा सकता है। विश्व के 23 प्रतिशत भूमि पर गेहूँ की खेती की जाती है। गेहूँ उत्पादन में चीन के बाद भारत का दूसरा स्थान है। यह मुख्यत: ठण्डी एवं शुष्क जलवायु की फसल है। अत: देश के लगभग सभी राज्यों में उगायी जाती है। पौधों की अच्छी वृद्धि के लिए वातावरण में 50–60 प्रतिशत आर्द्रता उत्तम मानी जाती है। नम व गर्म जलवायु इस फसल की खेती के लिए उपयुक्त नहीं मानी जाती है। क्योंकि इस प्रकार की जलवायु में रोगों का प्रकोप अधिक होता है। खरीफ की फसल के कटने के बाद खेत की जुताई मिट्टी पलटने वाले हल से करनी चाहिए जिससे खरीफ की फसल के खरपतवार व अवशेष मिट्टी में दबकर सड़ जाये। गेहूँ की उत्तम खेती के लिए बीजाई से पूर्व प्रमाणित बीजों का चयन तथा बीजोपचार की महत्त्वपूर्ण भूमिका है।

गेहूँ की कुछ उत्तम किस्में इस प्रकार है– सोनालिका,कल्याण सोना, डब्ल्यू. एच. 147, जे. डब्ल्यू. 1106, अमृता (एच.आई. 1500), स्वर्णा (एच. आई. 1479), हर्षित (एच. आई. 1531), राज – 3077

इस फसल के प्रमुख रोगों का विवरण यहां किया गया है। जो कि निम्न प्रकार हैं–

1. अल्टरनेरिया पर्ण झुलसन

यह रोग *अल्टरनेरिया ट्राईटीसीना* नामक फफूंद से होता है। इस रोग में आरम्भ में पत्ते में छोटे–छोटे काले भूरे रंग के धब्बे दिखाई देते हैं। बाद में ये धब्बे अनियमित रूप से आकार में बढ़ने लगते हैं। तथा पूरी पत्ती को घेर लेते हैं। जिसके फलस्वरूप पौधा प्रकाश संश्लेषण नहीं कर पाता है और दाने पूर्णरूप से विकसित नहीं हो पाते हैं।

रोकथाम के उपाय :–

- रोग प्रतिरोधक किस्मों का चयन करें (NP-4, NP-52, NP-100)।
- बुवाई के लिए प्रमाणित बीजों का उपयोग करें।

- समय पर बुवाई करें।
- प्रभावित पौधों को खेत से निकाल कर नष्ट कर दें।
- मेनकोजेब 3 ग्राम प्रतिलीटर या कार्बडाजिम 1.5 ग्राम प्रति लीटर के हिसाब से बीमारी आने पूर्व छिड़काव करें।

2. करनाल बंट

यह रोग *निवोसिया इन्डिका* नामक फफूंद से होता है। इस रोग की सर्वप्रथम खोज एम. मित्तरा ने 1931 में की थी। इस बीमारी के कारण गेहू के दाने पर काले-काले बिन्दु दिखाई देते हैं। बाद में पूरा दाना काला पड़ जाता है तथा खाने योग्य नहीं रहता है।

रोकथाम के उपाय :-

- रोग प्रतिरोधक किस्मों का उपयोग करें (PBW-299)।
- समय पर बुवाई करें।
- प्रभावित पौधों के अवशेषों को खेत से निकाल कर नष्ट कर दें।
- प्रोपिकोनाजोल (टिल्ट) 0.1 प्रतिशत का छिड़काव करने से रोग के संक्रमण को कम किया जा सकता है।

3. रतुआ रोग (रस्ट)

यह मुख्यत: तीन प्रकार का होता है। काला रतुआ, पीला रतुआ और भूरा रतुआ। इनमें से काला रतुआ और पीला रतुआ सामान्यत: अधिक हानिकारक होता है। यह रोग *पक्सिनिया ग्रामिनिस* की प्रजातियों से होता है। जो कि एक हानिकारक फफूंद है। इस रोग के कारण पत्तियों की निचली सतह पर, डंठल तथा बालियों पर काले भूरे या पीले रंग के धब्बे दिखाई देते हैं। ये धब्बे शुरू में पतली झिल्ली से ढके रहते हैं। बाद में यह झिल्ली फटने से बीजाणु वातावरण में फैल जाते हैं तथा आस-पास के पौधों को संक्रमित करते हैं। इस रोग के अधिक प्रकोप की वजह से दाने बिल्कुल नहीं बनते तथा उपज में भारी कमी आती है।

4. काला रतुआ

इसे तने का रतुआ भी कहते है, यह अत्यन्त विध्वन्सकारी रोग है जो गेहूँ के 40% उत्पादन को प्रभावित कर सकता है। यह रोग *पक्सिनियाँ ग्रामिनिस ट्रिटीसाई* नामक रोगकारक कवक से होता है। गेहूँ मुख्य पोषी है तथा विकल्पी परपोषी बारबेरिस या महोनिया पादप होता है।

उत्तर भारत में यह फरवरी से अप्रेल के मध्य प्रकट होता है अतः इसे विलम्ब रतुआ भी कहते है। यद्यपि पूरा पौधा रोग ग्रस्त होता है परन्तु प्रमुख रूप से तने पर रोग के लक्षण प्रकट होते है। संक्रमण युरेडोस्पोर से फैलता है, जो मुख्य पोषी और विकल्पी पोषी दोनों को संक्रमित कर सकता है।

युरेडिया बड़े, लम्बित और संकीर्णित संरचना होती है। जो प्रारम्भ में छोटी चिकनी उभरी संरचना होती है, पकने पर अधिश्चर्म के फटने पर युरेडोस्पोर मुक्त करके दरदरें फफोलों का रूप ले लेते हैं।

युरेडोस्पोर अण्डाकार 25-30 × 17-20 μm आमाप की संरचना है, एक युरेडोस्पोर में चार अकुंरक रंध्र पाये जाते हैं।

टीलियास्पोर धारी संरचना टीलिया कहलाती है जो काले रंग की होती है।

द्विकोशिकी संरचना टिलियास्पोर होती है जो 40-60 × 15-20 μm परिमाप के होते है। जो संक्रमण के अगले चरण को फैलाता है।

5. पीला रतुआ

इसे पर्णाच्छद रतुआ भी कहते है। यह रोग *पक्सिनिया स्ट्राईफॉर्मिस* द्वारा उत्पन्न होता है। इसके प्रारूपिक लक्षण पर्णाच्छद पर पीला वर्ण लिए काले रंग की पट्टीनुमा धब्बे होते हैं। यह रोग का विकल्प पोषी अज्ञात है। यह सामान्यतः दिसम्बर–जनवरी में दिखाई देता है तथा प्रारम्भिक रतुआ भी कहलाता है। यद्यपि रोग के लक्षण पूरे पौधे पर प्रकट होते हैं परन्तु पर्णाच्छद और पर्ण फलक विशेष रूप से प्रभावित होते हैं।

यह रोग युरिडिया संक्रमण से फैलता है जो छोटे–छोटे अण्डाकार संरचना की एक कोशिकीय संरचना है, परिमाप 23-35 × 20-35 माइक्रोमीटर होती है जिस पर 6-16 अंकुरण रन्ध्र उपस्थित होते हैं।

टिलियोस्पोर गहरे भूरे रंग के होते है जो शीर्ष पर समतल, द्विकोशिकीय 35-63 × 12-24 माइक्रो मीटर की संरचना है। टिलियोस्पोर प्रथम पोषी पादप से संक्रमण आगे प्रसारित करता है। टिलियोस्पोर टिलिया नामक हल्के काले रंग की संरचना में उत्पन्न होते हैं। जो रेखीय क्रम में पाये जाते है। यह विस्फोटन द्वारा टीलिया प्रसार नहीं करते हैं।

6. भूरा रतुआ

इसे पर्ण रतुआ के नाम से भी जाना जाता है। इस रोग का कारक कवक *पक्सिनिया रिकॉन्डिटा* है। इसका प्रथम पोषी गेहूँ तथा विकल्प पोषी थेलिक्ट्रम तथा आइसोपाइरम होता है। मुख्य रूप से इसके प्रारूपिक लक्षण पत्तियों पर प्रकट होते हैं,

जो भूरे काले रंग के धब्बों के रूप में होते हैं। यह रोग मुख्य रूप से जनवरी माह में प्रकट होता है।

यह पर्णाच्छद तथा तने पर लाक्षणिक गुण अत्यन्त कम स्थिति में प्रकट करता है। इसके संक्रमण कोशिकाणु युरिडियाँ छोटे, अण्डाकार या गोल होते हैं, इनमें दिर्घीकरण कभी नहीं पाया जाता है। युरेडोस्पोर गोलाकार 16–20 माइक्रोमीटर की संरचना है जिसकी दिवारों पर 7–10 अकुंरण रन्ध्र उपस्थित होते हैं। इनमें टिलिया बहुत कम बनते हैं, यदि उपस्थित होते हैं तो केवल पत्ती की नीचली सतह पर प्रकट होते हैं। टिलियोस्पोर द्विकोशिकीय संरचना है, जो शीर्ष पर समतल होती है तथा हवा, पानी द्वारा प्रसारित होती है।

रोकथाम के उपाय :–

गेहूँ की फसल में मिश्रित फसल के रूप में चना या सरसों लगाने से रोग में कमी आती है।

- रोग प्रतिरोधी किस्मों का उपयोग करें (WH-542, HD-2687, PBW-550)
- बुवाई से पूर्व बिजोपचार के रूप में ऑक्सीकार्बोक्सिन या प्लान्टावेक्स (2–2.5 ग्राम प्रति कि.ग्रा. बीज की दर से) का इस्तेमाल करना चाहिए।
- कवकनाशी मेन्कोजेब (0.2 प्रतिशत) तथा प्रोपिकोनाजोल (टिल्ट) 0.1 प्रतिशतका छिड़काव जनवरी के अंतिम या फरवरी के प्रथम सप्ताह में या फिर रोग के लक्षण दिखने पर 10–15 दिनों के अंतराल पर एकान्तरित रूप में करना चाहिए।

भारतवर्ष में रतुआ रोग का परिदृश्य:–

यह कवक भारत की तीक्ष्ण गर्मी में नहीं रह पाता है, अतः दक्षिण भारत के पर्वतीय स्थानों पर अपना वैकल्पिक जीवन काल गुजारता है, इसका प्रारम्भिक संक्रमण 1940 में अध्ययन कर नेपाल तथा हिमालय के ठण्डे प्रदेशों से आया हुआ ज्ञात हुआ। परन्तु उत्तर भारत में दिसम्बर माह का तापमान 14° सेन्टीग्रेड से कम होता है जो इसके बीजाणुओं के लिए प्रतिकूल है। अतः उत्तर भारत में रतुआ रोग के संक्रामकों का घनत्व बहुत कम होता है।

अतः गर्मियों में नीलगिरी तथा पुलनी की पहाड़ियों पर पाये जाने वाले बारबेरी तथा महोनियाँ के पौधों में वैकल्पिक जीवनचर्या पूर्ण कर सर्दियों में उचित तापमान पर यह उत्तर भारत में संक्रमण फैलाता है, जिससे रबी का मुख्य अनाज उत्पादन प्रभावित होता है। युरेडोस्पोर का यह प्रसारण बंगाल की खाड़ी से उठने वाले

चक्रवातों के कारण होता है, अतः दक्षिण में वैकल्पिक पोषी पौधों के नियंत्रण द्वारा इस रतुआ रोग का देशव्यापी प्रभावी प्रबन्धन किया जा सकता है।

7. अनावृत्त कंडवा या लूज स्मट

यह रोग पूर्ण रूप से संक्रमित बीज से पैदा होता है। यह रोग *अस्टीलेगो सेजेटम प्रजाति ट्रीटिसाई* से होता है जो कि बीज के भ्रूण में छिपा रहता है। संक्रमित बीज बाहर से देखने में स्वस्थ बीजों के जैसा ही प्रतीत होता है। इस रोग के लक्षण गेहूँ की बाली आने पर ही प्रकट होते हैं। रोगी पौधों में बालियों की जगह काले पाउडर के रूप में रोगकंड पाए जाते हैं। जो हवा से उड़कर अन्य स्वस्थ पौधों को संक्रमित करते हैं।

रोकथाम के उपाय :-

- बीजों को बुवाई से पूर्व कोर्बोक्सिन (वीटावैक्स) नामक फफूंदनाशी से 2–2.5 ग्राम प्रति किग्रा बीज की दर से बीजोपचार करना चाहिए।
- बीजों में उपस्थित आंतरिक संक्रमण को ''उष्ण–जल उपचार'' द्वारा हटाया जा सकता है। इसके लिए बीजों को पहले चार घंटे के लिए ठण्डे पानी में भिगोया जाना चाहिए ताकि बीज के भ्रूण के अन्दर उपस्थित फफूंद को सक्रिय किया जा सके। इसके उपरान्त बीजों को ठण्डे पानी से निकाल कर गर्म पानी (52 °C) में 11 मिनट के लिए डूबाया जाता है। जिससे भ्रूण में उपस्थित फफूंद नष्ट हो जाती है। इसकी रूपान्तरित विधि ''सौर्य उष्मा उपचार'' के नाम से जानी जाती है। इस विधि के अनुसार बीजों को पहले चार घंटे के लिए पानी में भीगोकर रखते हैं। तत्पश्चात इन बीजों को एक पतली परत के रूप में गर्मी के दिन में चमचमाती धूप में चार घंटे के लिए रखना चाहिए। जिससे इन बीजों में अगर कोई आन्तरिक संक्रमण हो तो वह खत्म हो जाता है।

8. टुन्डू या यलोइयर रोट:

यह रोग दो रोगकारकों के सम्मिलित प्रभाव से होता है। जिसमें एक सूत्रकृमि (*एन्गुइना ट्रीटीसाई*) तथा एक जीवाणु (*क्लेवीबेक्टर ट्रीटीसाई*) मिलकर गेहूं में गंभीर रूप से हानि पहुंचाते हैं। इस रोग का मुख्य लक्षण तने व पुष्पक्रम पर हल्के पीले रंग के चिपचिपे द्रव्य पदार्थ के रूप में दिखाई देता है। जो बाद में सुखने पर पीली परत के रूप में जमा हो जाता है। जिसके कारण गेहूं की बालियों में ऐठन पैदा हो जाती है एवं मुड़ जाती है। इस रोग के कारण गेहूं की बाली के लगभग सभी बीज, सूत्रकृमि द्वारा बनाये गये गांठों से विस्थापित हो जाते हैं। ये गांठें हानिकारक रोगकारक जीवाणु को स्थान प्रदान करती हैं। जिससे ये एक स्थान से दूसरे स्थान तक पहुंच पाता है।

रोकथाम के उपाय :–

- रोग की रोकथाम के लिए बीजों को नमक के घोल में डुबाने से गांठें तैरने लगती है तथा इन्हें अलग कर लिया जाता है। इस नमक के घोल के लिए 14.5 किग्रा नमक 450 लीटर पानी में घोलकर बनाया जा सकता है।

OOO

2
बाजरा

वैज्ञानिक नाम : ***पैनीसिटम टाइफेड्स*** कुल– **पोएसी**

बाजरा शुष्क क्षेत्रों में लगाई जाने वाली सबसे महत्त्वपूर्ण फसल है जो मरूस्थलीय निवासियों का प्रमुख खाद्यान्न है। बाजरा उत्पादन में भारत का विश्व में प्रथम स्थान है। यह फसल 71.2 लाख हेक्टेयर क्षेत्रफल में उगायी जाती है। इसकी खेती इन क्षेत्रों में करीब 40 लाख हैक्टर में होती है व पहली वर्षा आने पर ही किसानों का प्रमुख ध्यान इस फसल की बुवाई पर केन्द्रित हो जाता है। यह एक सूखा प्रतिरोधी फसल है जिसकी कई किस्में यहाँ के किसानों ने अपने अनुभवों से स्वयं ही उत्पन्न की है जो कम वर्षा में भी कुछ न कुछ उपज दे देती है। इनमें चाड़ी, जखराणा आदि किस्में प्रमुख है। इन फसलों की महत्ता इतनी है कि किसानों ने कई गीत भी रच रखे है। पिछले तीन दशकों में देश के प्रमुख अनुसंधान संस्थानों में हुये शोध से कई उन्नत किस्मों का विकास हुआ है। जिनसे प्रति हैक्टर उपज में आशातीत वृद्धि हुई है। ये किस्में काफी कम समय में पक कर तैयार हो जाती है। इस फसल का दूसरा सबसे बड़ा फायदा यह है कि किसानों को काफी चारा भी इससे मिल जाता है। कई किस्में तो सिर्फ चारे के लिये ही लगाई जाती है। बाजरे की रोटी जिसे सोगरा कहा जाता है आजकल देश–विदेश के सैलानियों में भी काफी लोकप्रिय हो गई है, इसके अलावा भी बाजरे के अन्य पकवान भी काफी लोकप्रिय हो गये हैं, पानी के अलावा काफी बिमारियों का प्रकोप भी झेलना पड़ता है। इस फसल के प्रमुख रोगों का विवरण यहाँ किया गया है। जो कि निम्न प्रकार हैं–

1. तुलासिता या जोगिया (*डाऊनी मिल्ड्यू* व *ग्रीन ईयर*)

यह इस फसल का सबसे प्रमुख रोग है जो स्कलेरोस्पोरा ग्रामीनीकोला नामक फफूंद से उत्पन्न होता है। इस रोग से औसतन 20 प्रतिशत का पूरे विश्व में नुकसान होता है। यह रोग पौधों में दो प्रकार से फैलता है।

(अ) तुलासिता (*डाऊनी मिल्ड्यू*):– यह रोग पौधों की 20 से 30 दिन की अवस्था में भूमि में रह रहे फफूंद के बीजाणुओं द्वारा या रोगग्रसित बीज से उत्पन्न

होता है। इस रोग में पत्तियों की निचली सतह पर सफेद फफूंद की धारियां दिखाई देती है। ऐसे पौधे पीले पड़ जाते हैं व छोटे रह जाते हैं। उग्र अवस्था में कई बार पौधे मर भी जाते हैं। यह रोग अधिकतर आर्द्र मौसम व कम तापक्रम में ज्यादा फैलता है। यह रोगएक जगह से दूसरी जगह पर वायु की गति के हिसाब से फैलता है।

(ब) जोगिया (*ग्रीन ईयर*):– यह अवस्था पौधों में सिट्टे आने के समय दिखाई देती है। सिट्टो में दाने के स्थान पर हरे–हरे मुड़े हुये लम्बे रेशे निकलते हैं जिससे सिट्टे विकृत रह जाते हैं। कई बार आधे सिट्टे में रेशे निकलते है जबकि आधे में बीज बन जाते है। ऐसे सिट्टों के बीजों में रोग होने की सभावना रहती है।

रोकथाम के उपाय :–

- रोग रोधक किस्में जैसे– आई.सी.एम.एच. 451, पूसा 23, पी.एच.बी. 57, राज. 171, आदि लगानी चाहिये।
- खेत में बाजरा–दलहनी फसलों का फसल चक्र अपनाना चाहिये।
- रोगग्रसित सिट्टों को इकट्ठा करके जला देना चाहिये।
- बीजों को एप्रोन 35, एस.डी. (6 ग्राम प्रति किलो बीज) के हिसाब से उपचारित करके बोना चाहिये।
- तुलासिता अवस्था दिखते ही रिड़ोमिल 35 डब्ल्यू.पी. (1 ग्राम प्रति लीटर) या मेन्कोजेब (2 ग्राम प्रति लीटर) का छिड़काव करना चाहिये।
- खेती में भूमि की नमी संरक्षण के उपाय करने चाहिये।

2. गूंदिया (*अरगट*)

यह रोग सिट्टों में दाने पड़ने के समय लगता है। सिट्टों पर दानों के स्थान पर छोटी–छोटी गोन्द की तरह चिपचिपी बून्दें दिखाई देती है। फसल के पकने के समय यह पदार्थ सूख कर गहरे काले रंग के सख्त व बीज से थोड़े बड़े दाने जैसे हो जाते है। रोगग्रसित सिट्टों पर स्वस्थ बीज बहुत कम मात्रा में होते है यह रोग *कलेविसेप्स फ्यूजीफोरमिस* नामक फफूंद से उत्पन्न होता है। यह रोग पौधे की परागण अवस्था से पहले उत्पन्न होता है जिसके लिये आर्द्र मौसम व ठण्डा तापक्रम चाहिये। रोग के सख्त तन्तु जमीन पर गिर कर बीज के साथ मिल जाते हैं। घास की दो किस्में, धामण व अन्जण की वजह से यह रोग ज्यादा फैलता है।

रोकथाम के उपाय :–

- स्वस्थ बीज का उपयोग, रोग फैलाने वाली घास का उन्मूलन अगेती बुवाई कुछ सामान्य उपाय है जिससे गुन्दिया की मात्रा कम की जा सकती है।

- बीजों को 20 प्रतिशत नमक के घोल में रखकर हल्के तैरने वाले बीजों व अन्य चीजों को हटाकर भारी बीजों को छाया में सुखाकर काम में लेने चाहिये।
- मित्र फफूंद फ्यूजेरियम समबुसिनम व सेमीटेक्टम से गून्दिया रोग को रोका जा सकता है।
- परागीकरण प्रबन्धन से इस रोग की मात्रा कम की जा सकती है।

3. कण्डुआ (स्मट)

बाजरा में यह रोग *टोलीस्पोरियम पैनीसिलीराई* नामक फफूंद से होता है। यह रोग भारत, अमेरिका व अफ्रीकी देशों में भी होता है। कुल मिलाकर 5–20 प्रतिशत तक का नुकसान इस रोग से आंका गया है लेकिन अभी तक उग्र मात्रा में यह रोग नहीं फैला है, इस रोग से सिट्टे के कुछ दाने ही प्रभावित होते हैं जो अण्डेनुमा आकृति के हो जाते हैं। इनमें काले अथवा गहरे भूरे रंग का बारीक चूर्ण भरा रहता है, स्वस्थ सिट्टों में इसी चूर्ण से यह रोग फैलता है यदि फसल की अवस्था नाजुक हो, अनुकूल मौसम हो तो यह रोग काफी सारे सिट्टों में फैल जाता है। बाजरे की उन्नत किस्म एच.एच.बी. 67 में भी इसका प्रकोप शुष्क क्षेत्रों में ज्यादा देखा गया है।

रोकथाम के उपाय :–

- चूंकि यह रोग हवा में फैले फफूंद के बीजाणुओं से फैलता है इसलिये सिर्फ बीजोपचार से इसकी रोकथाम संभव नहीं है।
- रोग के लक्षण दिखते ही केप्टाफोल (0.2 प्रतिशत) के दो या तीन छिड़काव करने से रोग पर नियंत्रण किया जा सकता है।
- कण्डुआ रोग सहनशील किस्में आई.सी.एम.ए. 88006 आदि लगाने से रोग का प्रकोप कम किया जा सकता है।

4. रोली (रस्ट)

यह रोग *पक्सीनिया सब्सट्रेटा* नामक फफूंद से होता है, बाजरा की तुलासिता, गुंदिया व कण्डुआ के मुकाबले यह कम नुकसानदेह रोग है, क्योंकि यह फसल की बाद की स्थिति में ही लगता है जिस समय अधिकतर सिट्टे बनने शुरू हो जाते हैं। हालांकि कुछ नई किस्मों में यह रोग पौधों की 25–30 दिन की अवस्था में भी देखा गया है। ऐसी किस्मों में इस रोग से बीज व चारे में काफी नुकसान का आंकलन किया गया है। भारत में इसका फैलाव रोली संवेदनशील किस्मों के अधिक प्रचलन, गर्मी में लगाने वाले बाजरा व कई बार दो अलग–अलग मौसमों में लगाई जाने वाली बाजरा की फसलों के कारण ज्यादा देखा गया है। रोली से प्रभावित पौधों की निचली पत्तियों

पर लाल भूरे रंग के धब्बे (चकते) उभर जाते हैं। जो धीरे–धीरे गहरे भूरे रंग के हो जाते हैं, ये धब्बे अधिकतर पत्तियों की ऊपरी सतह पर ही होते हैं। परन्तु कई बार दोनों सतहों पर भी इनका प्रकोप देखा जा सकता है।

रोकथाम के उपाय :–

- रोग के लक्षण फसल की शुरू की अवस्था में दिखाई देने पर मेन्कोजेब (0.2 प्रतिशत) का एक छिड़काव काफी प्रभावशाली रहता है।
- रोग रोधक किस्में जैसे आई.बी.एच. 1203, आई.सी.एम.एल. 11 खेत में लगानी चाहिये।

5. रूखड़ी (*स्ट्राईगा*)

यह एक परजीवी पौधा है जो अपना भरण–पोषण बाजरा के पौधों पर करता हैं। फसल 1–2 माह की होने पर रूखड़ी के पौधे दिखाई देते हैं। अगले एक माह में इन पर गुलाबी या हल्के लाल रंग के फूल आने शुरू हो जाते हैं। बाजरा के पौधों पर इसके लक्षण पत्तियों के पीली पड़ जाने के रूप में होते हैं। ऐसे पौधे अन्य पौधों की अपेक्षा छोटे रह जाते है और उन पर सिट्टे व दाने भी कम लगते हैं।

रोकथाम के उपाय :–

- रूखड़ी के पौधों को देखते ही उखाड़ कर फैंक देना चाहिये, ताकि बीज नहीं बन पायें।
- रासायनिक दवाओं में 2–4 डी नामक दवाई के अमीन साल्ट को 450 ग्राम प्रति 500–600 लीटर पानी में घोलकर छिड़काव करने से भी रूखड़ी को समाप्त किया जा सकता है।
- अगेती बुवाई व गर्मी के मौसम में खेत की गहरी जुताई करना।
- रोगी पौधों को खेत से उखाड़ कर नष्ट करना।
- खेत को स्वच्छ रखना व उचित फसल चक्र अपनाना।
- खेत को खरपतवारों से मुक्त रखना।

ooo

3
ज्वार

वैज्ञानिक नाम : ***सौरगम वल्गेयर*** कुल– **पोएसी**

ज्वार शुष्क एवं अर्ध–शुष्क क्षेत्रों में खरीफ व रबी मौसम में लगाई जाने वाली एक प्रमुख फसल है जो मोटे अनाज, चारा व ईंधन के काम आती है। इसकी खेती मुख्यत: आन्ध्रप्रदेश, कर्नाटक, मध्यप्रदेश, राजस्थान, गुजरात व तमिलनाडु में की जाती है। इस फसल को करीब–करीब 12 प्रतिशत का नुकसान बिमारियों से होता है। इस फसल के प्रमुख रोगों का विवरण यहाँ प्रस्तुत किया गया है जो कि निम्न प्रकार हैं–

1. बीज गलन (*ग्रेन मोल्ड*)

यह ज्वार का एक प्रमुख रोग है। यह उन क्षेत्रों में ज्यादा होता है जहाँ कम समय में पकने वाली किस्में लगाई जाती है। इस रोग से न सिर्फ उपज कम होती है बल्कि बीज की गुणवत्ता भी प्रभावित होती है। खरीफ के मौसम में लगाई जाने वाली ज्वार की फसल इस रोग से कई बार लाभप्रद नहीं रह पाती है। यह रोग बीज बनने के समय लगता है जब मौसम हल्का सा गर्म व आर्द्रता वाला हो। यदि कटने में देरी हो जाती है तो यह रोग उग्र मात्रा में फैल जाता है। बीज पर काले, गुलाबी या सफेद फफूंदों की वृद्धि देखी जा सकती है। जो फ्यूजेरियम, करवुलेरिया, फोमा, आदि फफूंदों से होती है। इस तरह की करीब 27 फफूदें यह रोग उत्पन्न करती है।

रोकथाम के उपाय :–

- रोग रोधक किस्मों का चुनाव सबसे सरल व सस्ता उपाय है। इसके लिये देश के कई अनुसंधान केन्द्रों पर विस्तृत कार्य हुआ है। इनमे आर.जी.सी. 936, 1002, 1003, 1017 और आर.जी. एम. 112 में रोग रोधक क्षमता मिली है।
- यदि सही समय पर ज्वार को काट लिया जाये तो इस रोग का प्रकोप कम किया जा सकता है। बीजों में 12–15 प्रतिशत नमी के समय काटना सबसे उपयुक्त है।
- बीजों को लहसुन के घोल से उपचारित करना चाहिये।

- ज्वार–अरहर की 4:2 अनुपात में कतारों में बुवाई से भी यह रोग कम किया जा सकता है।
- कार्बेन्डेजिम (2 ग्राम प्रति किलो बीज) से उपचारित बीज बुवाई के काम में लेने चाहिये। खड़ी फसल में टिल्ट 0.25 प्रतिशत घोल के दो छिड़काव करने चाहिये।

2. जड़ गलन

यह रोग शुष्क क्षेत्रों में ज्यादा उग्र मात्रा में दिखाई देता है। यह रोग अधिकतर मध्यप्रदेश, राजस्थान, कर्नाटक व आन्ध्र प्रदेश के सूखे क्षेत्रों में देखा जा सकता है। रोग ग्रस्त पौधे जमीन पर गिर जाते हैं। उनका समय से पहले झुक जाना इसकी सबसे महत्त्वपूर्ण पहचान है। रोग की शुरूआत जड़ों में गहरे धब्बों के रूप में होती है जो धीरे–धीरे व काले रंग के हो जाते हैं। धीरे–धीरे ये धब्बे ऊपर की ओर बढ़ने शुरू हो जाते हैं। इस वजह से तना खोखला हो जाता है। यह रोग मुख्यतया: भूमि जनित फफूंद *मेक्रोफोमिना फेजीयोलीना* द्वारा उत्पन्न होता है। गर्म मौसम व भूमि में नमी की कमी के दौरान यह रोग उग्र अवस्था में फैलता है।

रोकथाम के उपाय :–

- ''भूमि में पानी का उचित संरक्षण'' इस रोग को कम करने का सबसे महत्त्वपूर्ण उपाय है। इसके लिये कतारों के बीच कचरा डालकर नमी संरक्षण करनी चाहिये। लम्बा फसल चक्र, भूमि सौरीकरण आदि से भी यह रोग कम किया जा सकता है।
- खेत में पौधों की संख्या ज्यादा नहीं रखनी चाहिये।
- बीजों को मित्र फफूंद जैसे *ट्राईकोडर्मा हारजेनियम या ट्राईकोडर्मा* विरडी से उपचारित (4 ग्राम प्रति किलो बीज) करके बोना चाहिये।
- मित्र फफूंदों को गोबर या मिंगनी की खाद में मिलाकर जुताई के समय जमीन में डालनी चाहिये।
- कपास, नीम या मूंगफली की खली को (2.3 टन/हे.) खेत में बुवाई से पहले मिलाने से रोग कम किया जा सकता है।

3. तुलासिता (डाऊनी मिल्डयू)

यह रोग *पेरेनोस्केलोस्पोरा सोरगाइ* नामक फफूंद से होता है। रोग की शुरूआत ठण्डे व आर्द्र मौसम में सफेद–सफेद धारियों के रूप में पत्तियों की निचली सतह पर होती है। बाद में रोग फैलकर पत्तियों की ऊपरी सतह पर पीली धारियों के रूप में

दिखाई देता है। उग्र अवस्था में पत्तियों पर सफेद व हरी धारियाँ दिखाई देती है। रोग ग्रस्त पौधे छोटे रह जाते हैं जिनकी वृद्धि रूक जाती है। ऐसे पौधों पर सिट्टे नहीं लगते है।

रोकथाम के उपाय :-

- रोग रोधक किस्मों को खेत में लगाना चाहिये।
- बीजों को एप्रोन एस.डी. (2 ग्राम प्रति किलो बीज) से उपचारित करके बोना चाहिये।
- मेन्कोजेब का छिड़काव (0.3 प्रतिशत) भी प्रभावी रहता है।

4. रोली (रस्ट)

यह रोग *पक्सिनिया परपुरिया* नामक फफूंद से होता है। यह रोग फसल की किसी भी अवस्था में आ सकता है परन्तु 2 माह की फसल ज्यादा संवेदनशील होती है। रोग की शुरूआत छोटे-छोटे चकतों के रूप में पत्तियों की निचली सतह पर होती है जो बैंगनी या लाल रंग के होते हैं। बाद में ये चकते पत्तियों की दोनों सतह पर देखे जा सकते हैं। उग्र अवस्था में ये धब्बे आपस में मिलकर पूरी पत्ती पर फैल जाते हैं। ऐसी पत्तियाँ जल्दी गिर जाती हैं व पौधे छोटे रह जाते हैं।

रोकथाम के उपाय :-

- कार्बोक्सिन या ऑक्सी कार्बोक्सिन (0.2 प्रतिशत) का छिड़काव करना चाहिये।
- फसल चक्र अपनाना चाहिये।

5. कन्डुआ (स्मट)

यह रोग चार तरह से ज्वार की फसल पर लगता है- 1. बन्द कन्डुआ, 2. कन्डुआ, 3. लम्बा कन्डुआ, व 4. माथा कन्डुआ।

इनमें से कोई-कोई तो 25 प्रतिशत तक नुकसान कर देता है। अधिकतर ये रोग तमिलनाडु, कर्नाटक, आन्ध्र प्रदेश, गुजरात आदि में ज्यादा होते है। बन्द कण्डुआ बीज बनने के समय देखा जाता है, जब बीज की जगह काला पाऊडर लिये एक संरचना बनती है जो अधिकतर बीज से थोड़ी बड़ी दिखाई देती है। कई बार तो सिट्टे के पूरे के पूरे दाने रोगग्रसित हो जाते है। दूसरा कन्डुआ सिर्फ दानों के समय पौधों पर लगता है। इसमें सामान्य सिट्टों के स्थान पर बड़े-बड़े भूरे रंग के गोले बन जाते हैं। यह गोले सफेद परत से ढके हुये होते हैं। जब यह परत फट जाती है तो काला

पाउडर पूरी सतह पर फैल जाता है। लम्बे कन्डुओं में सिट्टे वाली पौध सामान्य से ज्यादा लम्बी हो जाती है। चौथे तरह के कन्डुए में काले काले रोगग्रसित संरचनायें बन जाती हैं। ऐसे पौधे स्वस्थ पौधों के मुकाबले छोटे रह जाते हैं।

रोकथाम के उपाय :-

- अधिकतर कन्डुओं को कम करने के लिये बीजों को फफूंद नाशकों जैसे केप्टान (2.5 ग्राम प्रति किलो बीज), थिराम (2–3 ग्राम प्रति किलो बीज) से उपचार करना चाहिये।

6. पत्ती धब्बा

ज्वार को कई प्रकार के पत्ती धब्बा रोगों से नुकसान होता है जिनमें जोनेट पत्ती धब्बा, एस्कोकाएटा, पत्ती धब्बा आदि प्रमुख है।

रोकथाम के उपाय :-

- कार्बेन्डेजिम (0.2 प्रतिशत) के छिड़काव से रोका जा सकता है।

4
मक्का

वैज्ञानिक नाम : ***जिया मेज*** कुल– **पोएसी**

मक्का विश्व की प्रमुख खाद्यान्न फसलों में से एक है। इसको पहले विशेष रूप से गरीबों का मुख्य भोजन माना जाता था परन्तु अब इसका उपयोग मानव आहार (25 प्रतिशत) के साथ–साथ कुक्कुट आहार (49 प्रतिशत), पशुआहार (12 प्रतिशत), स्टार्च (12 प्रतिशत), शराब (1 प्रतिशत) व बीज (1 प्रतिशत) के रूप में किया जाता है। मक्का के विभिन्न उत्पाद पौष्टिक आहार, तेल, साबुन आदि के रूप में बाजार में देखने को मिलते है। इसके अलावा मक्का विभिन्न प्रजातियों को अलग–अलग तरह से उपयोग में लाया जाता है। मक्का को पॉपकार्न, स्वीटकॉर्न एवं बेबीकॉर्न के रूप में जाना जाता है। भारत में लगभग 75 प्रतिशत मक्का की खेती खरीफ के मौसम में होती है। विश्व के कुल मक्का उत्पादन में भारत का 3 प्रतिशत योगदान है। मक्का की फसल भारत के लगभग सभी राज्यों में बोई जाती है। इसकी खेती के लिए मिट्टी पलटने वाले हल से तथा बाद में देशी हल से जुताई कर खेत को तैयार किया जाता है। इसके उपरान्त बीजों को थाइरम 3 ग्राम या एप्रोन एस. डी. 4 ग्राम या मरूसेना 6 ग्राम प्रति किलोग्राम बीज के हिसाब से बीजोपचार करके बोना चाहिए। मक्का की अच्छी उपज के लिए इस पर लगने वाले रोगों का नियंत्रण करना भी अति आवश्यक है। इस फसल के प्रमुख रोगों का विवरण यहाँ प्रस्तुत किया गया है–

1. बैंडेड लीफ एवं शीथ ब्लाइट

रोग के नाम के अनुसार ही इसके कारण पत्तियों व शीथ पर भूरे रंग की चौड़ी पट्टियाँ दिखाई देती है। जो कि बैंड के रूप में होती है। अनुकूल वातावरण परिस्थितियों में यह रोगग्रस्त अवस्था में आकर भुट्टों को भी नुकसान पहुँचाता है।

रोकथाम के उपाय :–

- इस रोग के नियंत्रण के लिए 30 से 40 दिन की फसल होने पर राइजोलेक्स 10 ग्राम प्रति लीटर पानी में घोलकर छिड़काव करना चाहिए।

- मित्र जीवाणु स्यूडोमोनास लूरोसेंस 16 ग्राम प्रति किलोग्राम बीज में मिलाकर बीजोपचार करने से भी रोग की रोकथाम की जा सकती है।

2. टरसीकम लीफ ब्लाइट

यह रोग मुख्यतः पहाड़ी क्षेत्रों में ज्यादा फैलता है। इस रोग के कारण पौधों की निचली पत्तियों पर लम्बे व चपटे भूरे रंग के धब्बे दिखाई देते हैं। जो धीरे-धीरे बड़े होकर आपस में मिलकर पूरी पत्तियों को सूखा देते हैं।

रोकथाम के उपाय :-

- इस रोग की समय पर रोकथाम के लिए मेनेब या जिनेब की 2.5-4 ग्राम मात्रा प्रति लीटर पानी में मिलाकर 8-10 दिन के अन्तराल पर छिड़काव करना चाहिए।
- रोगरोधी किस्में जैसे एम.सी.एच.-117, पूसा अर्ली हाइब्रीड लगानी चाहिए।

3. डाउनी मिल्डयू

यह रोग पेरेनोस्कलेरोस्पोरा मेडिस से होता है। इस रोग के कारण पत्तियों की निचली सतह पर सफेद पाउडर दिखाई देता है। तथा बाद में पुष्पवृन्त पर पुष्प की जगह पर हरे रंग की छोटी-छोटी पत्तियाँ उगने लगती है। इस रोग के कारण पौधा बौना रह जाता है। तथा उग्र अवस्था में पौधे पर कोई भुट्टा (सिट्टा) नहीं बनता है।

रोकथाम के उपाय :-

- एप्रोन 35 एस.डी. का 2.5 ग्राम प्रति किलोग्राम बीज की दर से बीजोपचार कर बीजाई करनी चाहिए।
- रोगरोधी किस्मों जैसे प्रो-345, पूसा अर्ली हाइब्रीड-5, प्रकाश व एन.इ.सी.एस.-117 का उपयोग करना चाहिए।
- सिस्टेमिक फफूंदनाशी रिडोमिल 25 डब्ल्यू. पी. का 0.1 प्रतिशत घोल का छिड़काव करने से रोग के प्रकोप से बचा जा सकता है।

OOO

5
मूंग

वैज्ञानिक नाम : ***विग्ना रेडिएटा*** कुल– **फैबेसी**

मूंग दलहनी फसलों में सबसे प्रमुख दाल है जो इस देश की शाकाहारी जनता का प्रोटीन का प्रमुख स्रोत है। हमारे देश में यह करीब 40 लाख हैक्टेयर में लगाई जाती है। कम समय में पकने वाली व अधिक लाभ देने की वजह से आजकल शुष्क व अर्ध–शुष्क क्षेत्रों में भी इस फसल की खेती काफी लोकप्रिय हो रही है। यह फसल 65–70 दिन में पक कर तैयार हो जाती है व 200–400 मि.मी. वर्षा वाले क्षेत्रों में अच्छी उपज दे देती है। इस फसल के प्रमुख रोगों का विवरण यहाँ प्रस्तुत किया गया है, जो कि निम्न प्रकार हैं–

1. पीतशिरा मोजेक (*येलो मोजेक*)

यह रोग मूंग की फसल लेने वाले सभी क्षेत्रों में देखा गया हैं। इसकी शुरूआत नई पत्तियों में बिखरे हुये पीली–पीली धारियों के रूप में हरी पत्तियों पर होती है। अगली तीन पत्तियों में हरी व पीली धारियें एक मोजेक रूप ले लेती हैं। कई बार हरे रंग में उठाव आने की वजय से पत्तियाँ मुड़ी हुई सी दिखाई देती है। उग्र अवस्था में पूरी की पूरी पत्तियाँ ही पीली हो जाती हैं। अधिकतर रोग ग्रस्त पौधे देर से पकते हैं व उन पर फूल व फलियां भी कम आती है। यह रोग एक विषाणु से उत्पन्न होता है व एक मक्खी बेमीसियां टेबेसाई से फैलता है। कुछ खरपतवार पर भी यह रोग लगता है जिससे यह मूंग की फसल में और ज्यादा फैलता है। अरहर की फसल इस रोग के विषाणु व फैलाने वाले कीड़े को जिन्दा रखने में काफी सहायक होती है। इस रोग से 10 प्रतिशत तक नुकसान देखा गया है। जायद फसल में इसका प्रकोप खरीफ फसल से ज्यादा होता है क्योंकि गर्मी का मौसम रोग को फैलाने में सहायता करता है।

रोकथाम के उपाय :–

- रोग रोधक किस्मों जैसे– आइ.पी.एम. 2, जी.एम. 4 आदि को खेत में लगाना चाहिये।

- रोग फैलाने वाली मक्खी को मारने के लिये कीटनाशक का उपयोग प्रभावी रहता है। इनमें डाईमिथोएट 0.03 प्रतिशत व मैलाथियान 0.05 प्रतिशत का घोल बनाकर छिड़काव करना चाहिए।
- देर से की गई बुवाई में रोग ज्यादा फैलता है।
- मिश्रित खेती या अन्त: खेती में रोग कम लगता है।

2. मोजेक मोटल विषाणु रोग

इस रोग में हल्के हरे रंग के धब्बे सामान्य हरे रंग के बीच में दिखाई देते हैं। इससे पत्तियों का आकार सिकुड़ जाता है व किनारे ऊपर उठना शुरू हो जाते हैं। धीरे-धीरे रोग ग्रस्त पत्तियाँ मुड़ सिकुड़ कर सख्त सी दिखाई देती है। उग्र अवस्था में फूलों की जगह हरे-हरे रेशे बन जाते हैं। यह रोग एक वायरस से उत्पन्न होता है जो एफिस करेसीवोरा या एफिस गोसीपाई नामक कीट से फैलता है।

रोकथाम के उपाय :-

- स्वस्थ फसल से उत्पन्न बीज काम में लेना चाहिये।
- रोग रोधक किस्में लगानी चाहिये।

3. छाछया (*पाऊडरी मिल्डयू*)

यह रोग *इरीसाईफी पोलीगोनाई* नामक फफूंद से होता है जो भूमि के ऊपर मूंग के सभी भागों पर लग सकता है। शुरू में पत्तियों पर हल्के गहरे रंग के धब्बे दिखाई देते हैं। धीरे-धीरे ये धब्बे सफेद चूर्ण के रूप में बदल जाते हैं व बाद में आपस में मिलकर पत्तियों, तने व फलियों पर सफेद चूर्ण की सतह जमा देते हैं। उग्र अवस्था में पत्तियाँ गिर जाती हैं। फलियां या तो बनती ही नहीं या छोटी रह जाती हैं जिनमें विकृत बीज बनते हैं।

रोकथाम के उपाय :-

- रोग को रोकने के लिये घुलनशील गन्धक का छिड़काव काफी प्रभावी रहता है। इसके अलावा केराथेन (0.1 प्रतिशत) या केलीक्सीन (0.1 प्रतिशत) का छिड़काव भी किया जा सकता है।

4. शाकाणु झुलसा (*बेक्टीरीयल ब्लाईट*)

यह रोग एक शाकाणु *जेन्थोमोनास* से उत्पन्न होता है। शुरू में पत्तियों पर छोटे धब्बे दिखाई देते हैं। धीरे-धीरे इन धब्बों के चारों तरफ का हिस्सा मर जाता है। उग्र अवस्था में पत्तियों का एक बड़ा भाग झुलस जाता है। तने पर भी रोग के लक्षण देखे

जा सकते हैं। इन सबसे फलियों में बन रहे बीजों पर असर पड़ता है व उपज काफी कम हो जाती है।

रोकथाम के उपाय :-

- बीजों को स्ट्रेप्टोसाइक्लीन (0.025 प्रतिशत) के घोल में 2 घन्टे तक उपचारित करके फिर सुखाकर बोना चाहिये तथा खड़ी फसल पर भी स्ट्रेप्टोसाइक्लीन (0.01 प्रतिशत) का छिड़काव करना चाहिये।

5. पत्ती धब्बा (*लीफ स्पॉट*)

मूंग में यह रोग *सरकोस्पोरा केनेसस* व *सरकास्पोरा क्रुएन्टा* से होता है, यह रोग आर्द्र मौसम व छुट-पुट वर्षा के समय पत्तियों पर फैलता है। ये धब्बे भूरे रंग के होते है जो सफेद किनारों से घिरे रहते है। उग्र अवस्था में ये धब्बे बढ़ जाते हैं जिससे पत्तियाँ गिर जाती है। इन धब्बों के अलावा कुछ और फफूंदों से भी मूंग की फसल को नुकसान होता है।

रोकथाम के उपाय :-

- इस पत्ती धब्बे को कार्बेन्डेजिम (0.2 प्रतिशत) या मेन्कोजेब (0.2 प्रतिशत) के एक व 15 दिन के अन्तराल पर दो छिड़काव से रोका जा सकता है।

OOO

6
मोठ

वैज्ञानिक नाम : *विग्ना एकोनिटीफोलिया* कुल– **फैबेसी**

मोठ शुष्क क्षेत्रों में खरीफ के मौसम में लगाई जाने वाली एक प्रमुख फसल है। जिसकी खेती करीब 15 लाख हैक्टेयर में होती है। इस दलहनी फसल की विशेषता है कि इसमें सूखा प्रतिरोधी क्षमता है जिसकी वजह से यह कम वर्षा (150–250 मि.मी.) वाले क्षेत्रों में भी आसानी से अच्छी उपज दे देती है। जब वर्षा समय पर होती है तो किसान खेतों में बाजरा लगाते हैं पर जिस साल वर्षा देर से (25 जुलाई के बाद) होती है तो शुष्क क्षेत्रों में किसान अधिकांश मोठ ही लगाना पसन्द करते है। दाल के अलावा मोठ कई और खाद्य सामग्री का एक महत्त्वपूर्ण हिस्सा है जैसे– पापड़ उद्योग, भुजिया, बड़े, पकौड़ी, आदि। राजस्थान के बीकानेर जिले में बनने वाली भुजिया अब पूरे विश्व में प्रसिद्ध हो गई है। सिर्फ इसी क्षेत्र में खाद्य पदार्थों में मोठ के उपयोग से काफी रोजगार व निर्यात को बढ़ावा मिला है। मोठ की फसल को सबसे ज्यादा नुकसान कुछ कवक जनित रोगों से होता है। इस बात को ध्यान में रखते हुये इस क्षेत्र में कार्यरत कृषि अनुसंधान संस्थानों ने आजकल रोग सहनशील किस्मों के विकास पर काफी कार्य किया है। इस फसल में होने वाले कुछ प्रमुख रोगों का विवरण यहाँ प्रस्तुत किया गया है। जो कि निम्न प्रकार हैं–

1. पत्ती धब्बा रोग (*लीफ स्पॉट*)

यह रोग *कोलीटोट्राईकम ट्रन्केटम* नामक फफूंद से होता है। रोग की शुरूआत गोल धब्बों के रूप में पत्तियों पर होती है जो 5–12 मि.मी. तक आमाप के होते हैं। ये धब्बें धीरे–धीरे बीच की गोलाई छोड़ देने से एक छेद बना देते हैं। इनके किनारे गहरे भूरे रंग के हो जाते हैं। दूसरा पत्ती धब्बा रोग *अल्टरनेरिया अल्टरनेटा* नामक फफूंद से होता है। शुरू में छोटे–छोटे धब्बों के रूप में दिखाई देकर ये धीरे–धीरे लाल हो जाते हैं व पत्ती का एक बड़ा भाग सूखा देते हैं। तीसरा पत्ती धब्बा रोग *मिरोथिशियम रोरीड़म* नामक फफूंद के रूप में दिखाई देते हैं जो धीरे–धीरे लाल हो जाते हैं, आमाप 4–8 मि.मी. तक होता है।

रोकथाम के उपाय :-

- ये धब्बे मौसम में आर्द्रता, छुटपुट वर्षा के समय होते हैं। जैसे ही मौसम प्रतिकूल हो जाता है इनकी उग्रता स्वत: ही समाप्त हो जाती है। परन्तु कभी-कभी अगर वर्षा व आर्द्रता का समय लम्बा चले तब ही खेत में एक छिड़काव मेन्कोजेब या कापर आक्सी क्लोराईड (2 ग्राम प्रति लिटर पानी) नामक फफूंद नाशकों का करना चाहिये परन्तु मोठ की खेती अधिकतर असिंचित क्षेत्रों में ही होती है, जहां छिड़काव के लिये लगने वाले पानी का भी अभाव रहता है अत: छिड़काव का निर्णय स्वविवेक या मौसम की अनुकूलता के हिसाब से ही लेना चाहिये।

2. शाकाणु झुलसा (*बेक्टीरियल ब्लाईट*)

यह रोग *जेन्थोमोनास एकजोनोपोड़िस पेथोवार फेजीयोलाई* के द्वारा होता है जिसकी शुरूआत असममित भूरे रंग के धब्बों से होती है जो पत्तियों की ऊपरी सतह पर ज्यादा दिखते हैं। धीरे धीरे ये धब्बे आपस में मिलकर पत्तियों के बड़े भाग को झुलसा देते हैं। ये धब्बे या झुलसा रोग अधिक आर्द्रता के समय ज्यादा होता है।

रोकथाम के उपाय :-

- रोग सहनशील किस्में आर.एम.ओ. 40, आर.एम.ओ. 257, आर.एम.ओ. 435, आर.एम.ओ., 225 व काजरी मोठ 2 लगानी चाहिये।
- यदि मौसम बिमारी फैलाने के अनुकूल हो व पानी उपलब्धता हो तो एक छिड़काव स्ट्रेप्टोसाइक्लिन (0.01 प्रतिशत) या एग्रीमाईसिन (0.02 प्रतिशत) का करना चाहिये।

3. पीतशिरा रोग (*येलो मोजेक*)

यह मोठ की सबसे भयंकर बिमारी है जो पीलीया नाम से काफी प्रसिद्ध है। यह एक वायरस से होती है। रोग की शुरूआत में छोटी या नई पत्तियों पर हल्के फैले हुये पीले-पीले चकते नजर आते हैं जो धीरे धीरे बढ़ते हैं जो पत्तियों के हरे रंग के बीच मोजेक की आकृति बनाते हैं। इन धब्बों का आकार धीरे धीरे बढ़ता है व कई बार तो पूरी पत्ती ही पीली दिखाई देती है। रोगग्रसित पौधे सामान्य पौधे की तुलना में विलम्ब से पकते हैं, जिन पर फूल व फलियाँ कम मात्रा में होती है। ऐसी फलियों में बीज भी छोटे, सिकुड़े हुये व बदरंग होते हैं।

रोकथाम के उपाय :-

- ग्वार के साथ मिश्रित खेती करने में इस रोग का प्रकोप कम होता है। मिश्रित खेती में बाजरा, ज्वार, तिल आदि लगाने से भी यह रोग नियंत्रित किया जा सकता है।

- सही समय पर की गई बुवाई से भी रोग की मात्रा कम की जा सकती है।
- रोग सहनशील किस्में जैसे आर.एम.ओ. 40, आर.एम.ओ. 257, काजरी मोठ–2 आदि लगानी चाहिये।
- डाईमिथोएट (0.02 प्रतिशत) के दो छिड़काव करने से विषाणु फैलाने वाले कीट बेमीसिया टेबेसाई का प्रकोप रोका जा सकता है। इसके अलावा मेटासिस्टोकस (0.1 प्रतिशत) का छिड़काव भी काफी प्रभावशाली रहता है।

4. जड़ गांठ रोग (*निमेटोड*)

यह रोग एक सूत्रकृमि *मिलोइडोगाईनी इन्कोगनिटा* से होता है। इस रोग से ग्रसित पौधे पीले पड़ जाते है, उनकी वृद्धि रूक जाती है व पत्तियाँ सूखने लगती हैं। रोगग्रसित पौधे की जड़ों पर छोटी–छोटी गांठें दिखाई देती हैं। उग्र अवस्था में जड़ें सड़कर मरनी शुरू हो जाती हैं जिससे पौधा स्वतः ही मर जाता है।

रोकथाम के उपाय :–

- मोठ की रोग सहनशील किस्में लगानी चाहिये।
- सूत्रकृमि नाशक कार्बोफ्यूरान के उपयोग से भी रोग कम किया जा सकता है।
- सरसों की खली को भूमि में डालने व गर्मी में गहरी जुताई से भी यह रोग रोका जा सकता है।

ooo

7
चंवला

वैज्ञानिक नाम : ***विग्ना अन्युक्यूलेटा*** कुल– **फैबेसी**

चंवला जायद व खरीफ में बोयी जाने वाली एक प्रमुख दलहनी फसल है। आजकल शुष्क व अर्ध–शुष्क क्षेत्रों में इसकी खेती काफी लोकप्रिय हो रही है। शुष्क क्षेत्रों में 250 मि.मी. से 400 मि.मी. वर्षा वाले क्षेत्र जैसे– सीकर, झुंझुंनू आदि में इसे व्यापक रूप से उगाया जा रहा है। एक अच्छी किस्म 60–70 दिन में पककर तैयार हो जाती है व करीब 10 क्विंटल तक पैदावार देती है। इसकी हरी फलियाँ सब्जी के रूप में काम आती है। दाल के अलावा चंवले के आटे को भी कई पकवानों में काम लिया जाता है। इसके बीज बहुत ही जल्दी अंकुरित होते हैं लेकिन बीजों के भण्डारण में उचित ध्यान नहीं देने पर कीड़े जल्दी लगते हैं। इस फसल के प्रमुख रोगों का विवरण निम्न प्रकार हैं –

1. शुष्कजड़ गलन

यह रोग *मेक्रोफोमिना फेजीयोलीना* नामक फफूंद से होता है जो भूमि व बीज दोनों तरह से फसल पर रोग उत्पन्न करती है। लेकिन इसका अधिकांश संक्रमण भूमि से ही होता है। इस रोग का प्रकोप कम वर्षा या दो वर्षा के बीच में लम्बे अतंराल होने पर ज्यादा होता है। भूमि के अधिक तापक्रम के होने से यह रोग तेजी से फैलता है। रोग की उग्र अवस्था में 40 से 50 प्रतिशत तक नुकसान हो जाता है। मुरझाये पौधे व हल्के भूरे रंग के तनों के रूप में इस रोग की पहचान हो सकती है। ऐसे पौधे समय से पहले ही सूख जाते हैं जिन्हें खेत से आसानी से उखाड़ा जा सकता है। रोग ग्रस्त पौधों पर फलियां नही लगती हैं तथा जड़ों में नत्रजन संचय करने वाली ग्रंथियाँ भी नहीं बनती हैं।

रोकथाम के उपाय :–

- इस रोग की रोकथाम के लिये बुवाई से पहले बीजों को कार्बेन्डेजिम (2 ग्राम प्रति किलो बीज) से उपचारित करना चाहिए। ट्राईकोडर्मा हारजेनियम (मरू

सेना 1, काजरी में उपलब्ध) से 4 ग्राम प्रति किलो बीज का उपचार भी अत्यंत प्रभावी रहता है।

- पौधों की कतारों के बीच में खेत में नहीं काम आने वाले खरपतवारों के अवशेष डाल देने से खेत में नमी का संरक्षण होता है। इसके अलावा 3.5 टन मिंगनी की खाद मिलाना भी अत्यन्त उपयोगी रहता है।
- सिंचाई की सुविधा वाले क्षेत्रों में जहां रबी की फसल ली जाती है, 2.5 टन सरसों का फसल अवशेष एवं आधा टन सरसों की खली मिलाकर मई महीने में खेत में डालनी चाहिए व तेज गर्मी के समय में एक पानी देना चाहिए। तेज गर्मी में सरसों के कचरे के सड़ने से जो गैसें उत्पन्न होती हैं वे इस रोग की फफूंद को काफी हद तक नष्ट कर देती हैं।
- सिंचाई की सुविधा कम होने पर बुवाई से 15 दिन पहले कम्पोस्ट खाद (4 टन प्रति हैक्टेयर) मिलाने पर भी रोग कम हो जाता है व उपज में भी वृद्धि होती है। कम्पोस्ट खेत में ही उपलब्ध विलाईती बबूल, आकड़ें, नीम और कृषि अवशिष्टों आदि से बनाया जा सकता है।

2. पत्ती धब्बा

यह रोग *सरकोस्पोरा* नामक फफूंद से होता है व पौधों की पुष्पीय अवस्था पर दिखाई देता है। अधिक नमी वाले मौसम में यह रोग ज्यादा फैलता है इस रोग में पत्तियों की ऊपरी सतह पर लाल रंग के धब्बे बनते है जो निचली सतह पर हल्के लाल रंग के दिखाई देते हैं। रोग की उग्र अवस्था में ये धब्बे अनियमित आकार के हो जाते हैं।

रोकथाम के उपाय :-

- कार्बेन्डेजिम (2 ग्राम प्रति लीटर) का छिड़काव काफी प्रभावी रहता है।

3. जीवाणु झुलसा

यह रोग *जेन्थोमोनास* नामक जीवाणु से होता है इस रोग के लक्षण सर्वप्रथम अंकुरित पौधों के बीजपत्रो एवं पत्तियों पर जल सिक्त धब्बों के रूप में दिखाई देते हैं। बाद में ये भूरे रंग के होकर केकंर का रूप धारण कर लेते हैं। अनुकूल वातावरण में यह रोग पौधों के अन्य भागों पर जैसे तने आदि पर भी फैल जाता है। कभी-कभी तने पर इतना अधिक फैलता है कि तना फट कर टूट जाता है। रोग की उग्र अवस्था में पत्तियाँ पीली पड़कर झड़ जाती है तथा पौधा नग्न हो जाता है। फलियों के किनारों पर गहरे हरे रंग की जल सिक्त रेखायें दिखाई देती है। रोगग्रस्त फलियां पीली पड़ कर

सिकुड़ जाती है तथा बीज भी छोटे रह जाते हैं। अधिक गर्मी, कम ताप एवं बौछार वाली वर्षा में रोग तेजी से फैलता है।

रोकथाम के उपाय :-

- सबसे उत्तम उपाय रोग रोधक किस्मों का चुनाव है।
- बीजों को स्ट्रेप्टोसाइक्लिन के घोल (1 ग्राम 4 लीटर पानी में) में दो घण्टे डुबाकर छाया में सुखाकर बुवाई के काम में लेने चाहिए। पत्तियों पर रोग के लक्षण दिखते ही स्ट्रेप्टोसाइक्लिन का छिड़काव (0.01 प्रतिशत) करना चाहिए।
- खेत के पुराने कचरे को साफ करते रहना चाहिए।

4. पीत शिरा (*मोजेक*)

यह एक वायरस के द्वारा पत्तियों पर फैलने वाला रोग है। इस रोग की शुरूआत छोटी–छोटी पत्तियों पर अनियमित आकार के पीले पीले धब्बों के रूप में होती है। जो धीरे–धीरे आपस में मिल जाते हैं। उग्र अवस्था में हरे व पीले रंग का मिश्रण, शिराओं का मुड़ना, पत्तियों का असामान्य आकार आदि प्रमुख लक्षण देखे जा सकते हैं। इस तरह के रोग ग्रस्त पौधों में बीज या तो बनते ही नहीं हैं अथवा बहुत छोटे आकार के बनते हैं जड़ों में नत्रजन वाली ग्रंथियां भी देखने को नहीं मिलती हैं।

रोकथाम के उपाय :-

- रोग से फसल को बचाने के लिए मिश्रित खेती करनी चाहिये।
- खेत में रोग रोधक किस्में लगानी चाहिये।
- अगेती बुवाई से भी रोग कम फैलता है।

5. रोली

यह रोग *यूरोमाईसिस* नामक फफूंद से होता है। इसकी शुरूआत छोटे–छोटे चकत्तों के रूप में पत्तियों पर होती है जो धीरे–धीरे पूरे पौधों पर फैल जाते हैं। अनुकूल अवस्था में ये धब्बे गहरे भूरे रंग के हो जाते हैं जिससे पत्तियों का गिरना शुरू हो जाता है।

रोकथाम के उपाय :-

- इस रोग की रोकथाम मेन्कोजेब 2 के छिड़काव (0.2 प्रतिशत), 15 दिन के अन्तराल पर करने से की जा सकती है।

ooo

8
चना

वैज्ञानिक नाम : ***साइसर एरीटिनम*** कुल– **फैबेसी**

दलहनी फसलों मे चने का स्थान प्रमुख माना जाता है। यह रबी की दलहनी फसल है। भारत में लगभग 5.81 मिलियन हेक्टर में इसकी खेती होती है तथा कुल उत्पादन लगभग 3.62 मिलियन टन होता है। इस फसल को कई राज्यों में उगाया जाता है लेकिन राजस्थान, मध्यप्रदेश, उत्तरप्रदेश, हरियाणा चने की खेती के प्रमुख उत्पादक राज्य हैं। कुल दलहनीय फसलों के अन्तर्गत आने वाले क्षेत्रफल का 27 प्रतिशत क्षेत्रफल चने की खेती के अन्तर्गत आता है। बारानी क्षेत्रों में इसकी खेती अच्छी होती है। लेकिन सिंचाई की सुविधा बढ़ने से पंजाब, हरियाणा व राजस्थान में चने के अन्तर्गत आने वाले क्षेत्रफल का काफी भाग सिंचित हो गया है। चने में 24 प्रतिशत प्रोटीन पाया जाता है। इस फसल के प्रमुख रोगों का विवरण निम्न प्रकार से हैं–

1. उखटा (*विल्ट*)

उखटा एक कवक जनित रोग है जो कि *यूजेरियम आक्सिस्पोरम साइसेराई* नामक फफूंद से होता है। यह रोग बीज व मृदा द्वारा फैलता है। हमारे देश मे इस रोग के कारण 10 प्रतिशत तक फसल प्रतिवर्ष नष्ट हो जाती है। यह रोग साधारणतया बीजाई के तीन सप्ताह बाद दिखाई देता है। प्रभावित पौधों की जड़ें तने के सतह से नीचे असमान रूप से सिकुड़ जाती है। इस भाग को लम्बाई में चीरने पर अन्दर का भाग काला दिखाई पड़ता है। पौधों की पत्तियाँ एवं डंठल मुरझा जाते हैं। इनका मुरझाना ऊपरी भाग से शुरू होता है तथा पूरा पौधा मुरझाकर सूख जाता है।

रोकथाम के उपाय :–

- गहरी जुताई, देरी से बुवाई तथा उचित फसल चक्र अपनाना चाहिये।
- रोग अवरोधी किस्में जैसे कि कैलाश व एच.डब्लयू.आर.–355 उगानी चाहिये।
- एक ग्राम कार्बेन्डाजिम दवा से प्रतिकिलो बीज उपचारित कर बोयें।

2. तना विगलन (स्टेमरोट)

यह रोग *स्केलेरोशियम* नामक फफूंद से फैलता है। भूमि में आवश्यकता से अधिक नमी रोग फैलाने मे सहायता करती है। इस रोग के कारण पत्तियाँ पीली पड़ जाती है। प्रभावित पौधों के तने तल के पास से सड़कर मर जाते है। तने के इस भाग के पास सफेद रंग की फफूंद आसानी से देखी जा सकती है। यह रोग खेत के अन्दर बिखरे हुए भागों में दिखाई देता है।

रोकथाम के उपाय :-

- बीज को थाईराम नामक फफूंद नाशक 3 ग्राम/किलो बीज से उपचारित करके बोये। गर्मी में गहरी जुताई कर खेत को खुला छोड़ देना चाहिये।
- उचित जल निकास का प्रबन्ध करें।
- बीजों की उचित दूरी पर बीजाई करें।

3. शुष्क जड़ गलन (ड्राई रूट रोट)

यह *राईजोक्टोनिया बटाटीकोला* नामक कवक से फैलता है। यह रोग मुख्यतः मृदा द्वारा फैलता है। फसल में फूल आने के बाद, इसके प्रकोप के समय यदि तापक्रम 30°C हो तो इस रोग से अत्यधिक हानि होती है। यह रोग दक्षिणी एवं मध्य भारत में गम्भीर समस्या है। इससे पौधों के पत्र-फलक, भूरे या मटमैले पीले रंग के होकर सूख जाते है। पौधों को खींचने पर उनकी मुख्य जड़ टूट कर जमीन में ही रह जाती है। तने का रंग काला हो जाता है तथा इसकी छाल में दरारें पड़ जाती हैं। तने के निचले भाग को चीरने पर कवक के काले रंग के बीजाणु दिखाई देते हैं।

रोकथाम के उपाय :-

- गर्मियों में गहरी जुताई करें।
- कम से कम पाँच वर्ष का फसल चक्र अपनायें।
- थाईराम या कार्बेनडेजिम नामक फफूंद नाशक दवा से 2 ग्राम/किलो बीज उपचारित करके बुवाई करें।
- रोग प्रतिरोधक किस्मों का चयन करें।

4. जड़ गलन (रूट रोट)

यह *राइजोक्टोनिया सोलेनाई* नामक फफूंद से फैलता है। इसमें पौधों के डण्ठल तथा पत्तियाँ पीली पड़ कर मुरझा जाती है। तने के ऊपर गहरे भूरे रंग के धब्बे पड़ जाते हैं जिनके नीचे तना तथा जड़ विगलित हो जाती है। जिन पर गुलाबी रंग का फफूंद दिखाई पड़ता है अन्त में पौधे मरने लगते हैं।

रोकथाम के उपाय :-

- गर्मियों में गहरी जुताई करें, जिससे उच्च तापमान में रोग के बीजाणु सीधे सम्पर्क में आकर नष्ट हो जावें।
- लगातार एक ही जगह पर चने की खेती नहीं करनी चाहिये अर्थात दो-तीन वर्षों का फसल चक्र अपनायें।
- खेत में पानी भरा रहने से रोग के फैलाव को उपयुक्त वातावरण मिलता है, इसलिए उचित जल निकास रखें।
- बीजों को थाईराम या कार्बेनडेजिम नामक फफूंद नाशक दवाओं से 2 ग्राम/किलो बीज के हिसाब से उपचारित कर बुवाई करें।
- सहनशील किस्में जैसे- कैलाश, एच 355 तथा के-285 का चुनाव करें।

5. तना गलन (*स्टेम रोट*)

यह रोग *स्कलेरोटीनिया स्क्लेरोटिरम* नामक फफूंद से फैलता है। यह रोग अधिक वर्षा व ठण्डे तापमान वाले मौसम में अधिक फैलता है। पत्तियाँ सूख कर मटमैले पीले रंग की हो जाती है। पौधों के पास सफेद रंग की फफूंद दिखाई पड़ती है। प्रभावित पौधों पर कवक के बीजाणुओं की गांठें दिखाई देती है।

रोकथाम के उपाय :-

- जड़ गलन रोग में वर्णित उपचार ही अपनावें।

6. रतुआ (रस्ट)

यह रोग *यूरोमाइसिस साइसेरिस एरेटिनी* नामक फफूंद से होता हैं। इसमें पत्तियों पर छोटे-गोल अण्डाकार गहरे या हल्के भूरे रंग के चकत्ते पत्तियों के नीचे अथवा दोनों तरफ दिखाई देते हैं। ठीक से विकास नहीं होने के कारण ये सिकुड़े हुए दिखाई पड़ते हैं।

रोकथाम के उपाय :-

- रोगग्रसित पौधों को बाहर निकाल कर जला या मिट्टी में दबा देना चाहिए।
- यह एक मृदा जनित रोग है इसके लिए खेत को गहरी जुताई कर गर्मियों मे खुला छोड़ देना चाहिए, ताकि तेज धूप से रोगकारक कीटाणु नष्ट हो जावे।
- बीजों को 2 ग्राम/ किलो बीज के हिसाब से प्लान्टवेक्स या बीटावेक्स नामक फफूंद नाशक दवा से उपचारित कर बुवाई करें।

7. झुलसा (*ब्लाईट*)

इस रोग का कारक *एस्कोकाइटा रेबिआई* कवक है। इस रोग का संचारण बीज तथा वायु दोनों के द्वारा होता है, यह रोग फरवरी से अप्रेल तक किसी भी समय फसल को प्रभावित कर सकता है। प्रभावित भागों पर नीले रंग के गोल धब्बे पड़ जाते हैं। जो बाद मे भूरे रंग के हो जाते हैं। पत्तियाँ झुलसी हुई व भूरे रंग की दिखाई देती हैं। अधिक वर्षा तथा अधिक नमी के वातावरण मे यह रोग अतिशीघ्र फैलता है।

रोकथाम के उपाय :-

- बीजों को मेन्कोजेब या डाईथेन-एम-45, 3 ग्राम/किलो बीज के हिसाब से उपचारित कर बुवाई करें।
- 1 किलो केप्टान को 300-400 लीटर पानी में घोल बना कर फसल पर रोग के लक्षण दिखाई देते ही छिड़काव करना लाभकारी होता है।

8. गलन (*ग्रेमोल्ड*)

यह रोग *बोट्राटीस साइनेरिया* नामक फफूंद से होता है। रोग का संचारण भूमि तथा बीज दोनों के द्वारा होता है। प्रभावित पौधों पर भूरे रंग के धब्बे दिखाई देते हैं। यह धब्बे 10 से 30 मि.मी. लम्बे हो सकते हैं तथा तने के चारों तरफ फैलकर उसे घेर लेते हैं। प्रभावित शाखायें टूट कर गिर जाती हैं। पत्ती, फूल तथा तना सड़कर नष्ट हो जाते हैं।

रोकथाम के उपाय :-

- बीजों को मेन्कोजेब या थाईराम 3 ग्राम या कार्बेन्डाजिम-1 ग्राम दवा प्रतिकिलो बीज के हिसाब से उपचारित करना चाहिए।
- अधिक सघन पौधों की संख्या रोग को फैलाने में मदद करती है।
- रोधक किस्मों का चयन करें।
- रोग के लक्षण दिखाई देते ही केप्टान 3 ग्राम या 2 ग्राम डाईक्लोन कवकनाशी प्रति लिटर पानी में घोलकर छिड़काव करें। जरूरत होने पर पुन: 10-15 दिन के अन्तराल पर छिड़काव दोहराने से रोग नियंत्रित किया जा सकता है।

OOO

9
तिल

वैज्ञानिक नाम : ***सिसेमन इण्डिकम*** कुल– **पेडेलिएसी**

तिल खरीफ मौसम में उगाई जाने वाली एक प्रमुख तिलहनी फसल है। शुष्क क्षेत्रों में इसकी खेती काफी बड़े क्षेत्र में होती है। तेल के अलावा तिल के बीज कई तरह के व्यंजनों में काम आते हैं। राजस्थान के ब्यावर शहर की तिल पापड़ी देश– विदेश में प्रसिद्ध हो चुकी है। इस अकेले उद्योग से कई हजार व्यक्तियों को रोजगार भी मिला हुआ है। शुष्क क्षेत्रों में तिल मिश्रित खेती का भी एक प्रमुख भाग है। इस फसल के प्रमुख रोगों का विवरण निम्न प्रकार से हैं–

1. जड़ व तना गलन

यह भूमि जनित फफूंद *मेक्रोफोमिना फेजीयोलीना* से होता है। शुष्क क्षेत्रों में वर्षा के अनियमित होने पर यह रोग तेज गति से फैलता है। इस रोग से तने पर गहरे धब्बे पड़ जाते हैं। जो अधिकतर गहरे भूरे रंग के होते हैं व शुरू में तने के निचले भाग में देखे जा सकते हैं। उग्र अवस्था में ये चकत्ते ऊपर व नीचे दोनों ओर बढ़ते हैं। तने पर काले रंग के छोटे–छोटे गोल धब्बे भी देखे जा सकते हैं। रोगग्रस्त पौधों की जड़ों पर भी कालापन दिखाई देता है। जिससे ऐसा लगता है जैसे जड़ों पर चारकोल छिड़क दिया गया हो। ऐसे पौधों पर लगने वाली फलियाँ भी काली पड़ जाती हैं जो समय से पहले फट जाती है। जिनके अन्दर बीज भी छोटे व रंगहीन होते हैं। रोग ग्रस्त पौधे धीरे–धीरे मर जाते हैं।

रोकथाम के उपाय :–

- खेत में फसल चक्र अपनाना चाहिये।
- गर्मी में एक गहरी जुताई करनी चाहिये। जहाँ सिंचाई की सुविधा हो वहाँ गर्मी के मौसम में 2.5 टन सरसों के फसल अवशेष को 0.5 टन सरसों की खली के साथ एक हैक्टेयर में दबाकर जुताई करके एक सिंचाई दे देनी चाहिये।
- बीजों को कार्बेन्डेजिम (2 ग्राम प्रति किलो बीज) या मित्र फफूंद ट्राईकोडर्मा

हारजेनियम (मरु सेना 1) से 4 ग्राम प्रति किलो बीज उपचारित करके बोने चाहिये।

- खेत में नमी संरक्षण के उपायों को अपनाना चाहिये।

2. अल्टरनेरिया पत्ती धब्बा

यह रोग *अल्टरनरिया सिसेमाई* नामक फफूंद से होता है। इस रोग की शुरूआत पत्तियों पर छोटे गोल भूरे रंग के धब्बों से होती है। उग्र अवस्था में ये धब्बे आपस में मिलकर बड़े हो जाते हैं जिससे पत्ती का एक बड़ा भाग झुलस जाता है। बाद में ये पत्तियाँ झड़ जाती हैं। रोग के लक्षण तने व फलियों पर भी दिखाई देते हैं।

रोकथाम के उपाय :-

- रोग रोधक किस्मों को खेत में लगाना चाहिये। दो किस्में आर. टी. 40व आर. टी. 125 में रोग सहनशीलता देखी गई है।
- रोग के लक्षण दिखते ही मेन्कोजेब (0.2 प्रतिशत) का छिड़काव करना चाहिये।

3. सरकोस्पोरा पत्ती धब्बा

यह रोग *सरकोस्पोरा सिसेमाई* नामक फफूंद से होता है। रोग की शुरूआत पत्तियों पर छोटे-छोटे बारीक धब्बों के रूप में होती है जो धीरे-धीरे फैलकर असमान आकार के बड़े हो जाते हैं जो पत्तियों के दोनों तरफ देखे जा सकते हैं। प्रारम्भ में रोगग्रसित भाग हल्के भूरे रंग का होता है जिसके मध्य में सफेद रंग देखा जा सकता है। जो धीरे-धीरे उग्र अवस्था में पत्ती को झुलसा देते हैं। अगर झुलसाने वाली स्थिति जल्दी शुरू हो जाती है तो पत्तियाँ गिर जाती हैं। रोग को तने व फलियों पर भी देखा जा सकता है।

रोकथाम के उपाय :-

- कार्बेन्डेजिम (0.05 प्रतिशत) का छिड़काव सही समय पर करने से रोग कम किया जा सकता है।

4. छाछया (*पाऊडरी मिल्डयू*)

यह रोग *इरीसाईफी* या *ओईडीयम* नामक फफूंद से होता है। रोग की शुरूआत में रूई के समान छोटे-छोटे धब्बे पत्तियों पर दिखाई देते हैं जो आपस में जुड़कर पूरी पत्ती को सफेद-सा कर देते हैं। धीरे-धीरे यह रोग पत्तियों के डण्ठल व फलों पर भी दिखाई देता है। उग्र अवस्था में पत्तियाँ सूख जाती हैं।

रोकथाम के उपाय :-

- तिल की दो किस्में ओ.एम.टी.-30 एवं डी.ओ.आर.एस 101 छाछ्या के लिये सहनशील पाई गई है।
- रोग के लक्षण दिखते ही सल्फेरस (0.2 प्रतिशत) या केराथेन (0.1 प्रतिशत) के दो छिड़काव 15 दिन के अन्तराल पर करना चाहिए।

5. फिलोड़ी

यह एक माइकोप्लाज्मा से होने वाली प्रमुख बिमारी है जो *ओरोसिस एलबीसींकट्स* नामक कीट से फैलती है। इस रोग में फलियां हरी-हरी रेशे वाली संरचनाओं में परिवर्तित हो जाते हैं जिसके बाद में पौधे में फलियों के स्थान पर सिर्फ हरी पत्तियों का ही विकास होता है। रोगग्रस्त पौधा दूर से ही दिखाई दे जाता है जिसमें सामान्य से ज्यादा शाखायें होती हैं। ऐसे पौधे वजन से झुकना शुरू हो जाते हैं। प्रायः इस रोग का प्रकोप अगेती फसल में ज्यादा होता है। इस रोग से बीजों में तेल की मात्रा में भी कमी होती है।

रोकथाम के उपाय :-

- रोग सहनशील किस्मों को खेत में लगाना चाहिये।
- रोगग्रसित संरचनाओं को तोड़ कर जला देना चाहिये।
- टेट्रासाइक्लीन हाइड्रोक्लोराईड या आक्सीटेट्रासाइक्लीन का 0.02 प्रतिशत का छिड़काव करना चाहिये।

6. पत्ती वर्ण (*लीफ कर्ल*)

यह एक वायरस *निकोटियाना 10* से होता है जो कि सफेद मक्खी नामक कीट द्वारा फैलता है। पत्तियाँ मुड़ जाती हैं व शिरायें मोटी हो जाती हैं इसके कारण से पत्तियों का आकार छोटा रह जाता है तथा अन्दर की तरफ मुड़कर रोल की तरह सिकुड़ जाती हैं।

रोकथाम के उपाय :-

- मिथायल डिमेटोन या कार्बारिल कीटनाशक का एक मिली. प्रति लीटर पानी में घोलकर छिड़काव करना चाहिये।

ооо

10
मूँगफली

वैज्ञानिक नाम : ***एराकिस हाइपोजिया*** कुल– **फैबेसी**

मूँगफली तेल निकालने के लिये काम में आने वाली एक प्रमुख नगदी फसल है। जो भारत में करीब 68 लाख हैक्टेयर में लगाई जाती है। यह फसल विभिन्न प्रकार की मिट्टियों में उगाई जा सकती है। रेतीली दोमट एवं भारी मटियार दोमट भूमि में अलग–अलग किस्म की मूँगफली बोई जाती है। भारत में यह फसल आन्ध्र प्रदेश, गुजरात, कर्नाटक, तमिलनाडु, महाराष्ट्र व उड़ीसा में बहुतायत से लगाई जाती रही है लेकिन लाभकारी फसल होने के कारण आजकल राजस्थान में भी इसकी खेती का प्रचलन बढ़ रहा है। विशेषकर मरू क्षेत्रों में इन्दिरा गांधी नहर के पानी आ जाने से इस क्षेत्र के किसान आजकल मूँगफली की फसल काफी बड़े पैमाने पर ले रहे हैं। विश्व में क्षेत्र के हिसाब से प्रथम होने के बावजूद प्रति हैक्टेयर पैदावार (1155 कि.ग्रा), अन्य देशों जैसे अमेरिका (2936 कि.ग्रा) व चीन (2519 कि.ग्रा) से बहुत ही कम है। कम उपज के होने के प्रमुख कारणों में इस पर लगने वाले कीट व रोग है जिनसे कई बार 25 प्रतिशत तक नुकसान देखा गया है। रोगों से यह नुकसान होने का एक कारण किसानों में इनके सही प्रबन्धन की जानकारी नहीं होना है।इस फसल के प्रमुख रोगों का विवरण यहाँ प्रस्तुत किया गया है। जो कि निम्न प्रकार हैं–

1. अगेती व पछेती पत्ती धब्बा (*टिक्का*)

अगेती व पछेती पत्ती धब्बा या टिक्का मूँगफली की फसल का सबसे प्रमुख रोग है जो करीब–करीब सभी क्षेत्रों में देखा जा सकता है। यह रोग *सरकोस्पोरा अरेचिड़ी* (अगेती) व *फियेजेरीयोपसिस परसोनेटा* (पछेटी) नामक फफूंदों से होता है। इस रोग के लक्षण फसल की 10–28 दिन की अवस्था में सबसे पहले निचली पत्तियों पर होते हैं। जो बाद में फैलकर पर्णवृन्त और तनों पर प्रकट हो जाते हैं। पत्तियों पर गहरे धब्बे पड़ जाते हैं जो बाद में पीले–भूरे गोल चकत्तों में बदल जाते हैं। इन धब्बों की संख्या धीरे–धीरे बढ़ती जाती हैं जिससे पत्तियां सूखकर गिरने लगती है। अधिक आर्द्र मौसम एवं ओस बीमारी को फैलाती है। मृदा में मेग्निशियम की कम

मात्रा तथा नत्रजन एवं फास्फोरस की अधिक मात्रा से पौधे रोग के लिये अधिक नाजुक हो जाते हैं।

रोकथाम के उपाय :-

- सबसे अच्छा उपाय खेत में रोग सहनशील या रोग प्रतिरोधक किस्मों को लगाना है। मूँगफली की निम्न किस्मों में रोग सहनशीलता पाई गई है। जी.जी.-20, टी.जी.-39, एम-13, गिरनार-1 व 2 एच.एन.जी.-10
- फसल चक्र, खेत के कचरे को हटाना या ज़मीन में दबा देना, कतारों की सही दूरी आदि उपायों से रोग कम किया जा सकता है।
- मेन्कोजेब 2 ग्राम + कार्बेन्डेजिम 1 ग्राम प्रति लीटर के एक या दो छिड़काव करने चाहिये। बाजरा के साथ अन्तर फसल (3:1) व मेन्कोजेब (2 ग्राम प्रति लीटर) के दो छिड़काव काफी प्रभावशाली रहते हैं।
- बुवाई से पूर्व बीजों को थाईरेम या केप्टान (2-3 ग्राम प्रति किलो बीज) से उपचारित करना चाहिये।

2. रोली (रस्ट)

मूँगफली में रोली रोग *पक्सिनिया अरेकीड़ीस* नामक फफूंद से होता है। इस रोग की शुरूआत पत्तियों की निचली सतह पर नारंगी से भूरे रंग के उभरे हुये चकतों के रूप में होती है। बाद में ये चकत्ते पत्तियों की ऊपरी सतह व पौधे के अन्य भागों में भी देखे जा सकते हैं। ये चकते दूर-दूर या समूह में देखे जा सकते हैं। शुरू में ये चकते पत्तियों की ऊपरी परत में उभरे हुये रहते हैं, परन्तु बाद में फूटकर बाहर आ जाते हैं जिससे इनमें भरा हुआ गहरे भूरे रंग का पाऊडर पत्तियों पर दिखाई देता है। उग्र अवस्था में ये चकते आपस में मिलकर एक बड़ा भाग घेर लेते हैं। जिससे पत्तियाँ मुड़ जाती हैं व गिर जाती हैं। रोगग्रस्त पौधों में फलियाँ कम लगती हैं व जल्दी पक जाती हैं।

रोकथाम के उपाय :-

- खेत को पिछले साल के कचरे से मुक्त रखना चाहिये।
- थिराम या केप्टान (3-4 ग्राम प्रति किलो बीज) से बीजोपचार करना चाहिये।
- बाजरा व मूँगफली की 1:3 अनुपात में अंतर से भी रोग कम किया जा सकता है।
- नीम की पत्तियों के तत्व रस (2-5 प्रतिशत) का छिड़काव करना चाहिये।
- रोग प्रतिरोधक किस्में जैसे- गिरनार 1,गिरनार 2, जी.जी. 20, डीआरजी 12, टी.जी.39, बीएसआर 1, सीओ 4, डीआरजी 17 आदि खेत में लगानी चाहिये।

3. गलन (*कॉलर रोट*)

शुष्क व अर्ध–शुष्क क्षेत्रों में इस रोग का प्रकोप 20–30 प्रतिशत तक देखा गया है।

यह *एस्पर्जिलस नाइगर* नाम फफूंद से होता है। यह रोग दो अवस्थाओं में होता है अंकुरण के पहले व बाद में। परन्तु ज्यादा नुकसान बाद वाली अवस्था से होता है। अंकुरण की पहली वाली अवस्था में बीज के ऊपर फफूंद के छोटे–छोटे बीजाणु बीज को घेर लेते हैं। जिससे बीज सड़ जाता है। अंकुरित होता बीज जमीन के अन्दर ही फफूंद के आक्रमण से मर जाता है या पौधा ही सड़ा हुआ बाहर निकलता है। दूसरी अवस्था या अंकुरण के बाद में हल्के भरे रंग के धब्बे पौधे की निचली सतह पर दिखाई देते हैं। उग्र अवस्था में पनपते हुये पौधे पर काफी धब्बे बनकर पौधे को मार देते हैं। रोग 15–40 डिग्री सेंटीग्रेड पर बीज के अंकुरण से पहले व 31–35 डिग्री सेंटीग्रेड पर अंकुरण के बाद ज्यादा फैलता है। अगेती बुवाई में यह रोग ज्यादा मात्रा में दिखाई देता है।

रोकथाम के उपाय :–

- स्वस्थ बीजों को बोना चाहिये।
- उचित गहराई से नीचे बीज को नहीं बोना चाहिये।
- मोठ के साथ मिश्रित खेती से रोग कम लगता है।
- बीज को ट्राईकोडर्मा विरडी से 4 ग्राम प्रति किलो बीज की दर से उपचारित करके बोना चाहिये।

4. शुष्क जड़ गलन (*ड्राई रूट रोट*)

यह रोग भूमि जनित फफूंद *मेक्रोफोमिना फेजीयोलीना* से होता है। यह रोग फसल की विभिन्न अवस्थाओं में भिन्न भिन्न प्रकार से फैलता है–बीज गलन रोगग्रसित बीजों से होता है। शुरू में भूमि से ऊपर तने पर जलसिक्त धब्बे बनते हैं तथा बाद में गहरे हो जाते हैं व पूरे तने को घेर लेते हैं। पौधा भूरा पड़कर मर जाता है। यह रोग शुष्क अवस्था में ज्यादा फैलता है।

रोकथाम के उपाय :–

- देर से बुवाई व सघन पौध संख्या से यह रोग ज्यादा लगता है।
- कुछ किस्में इस रोग के लिये सहनशील है उन्हीं किस्मों से बुवाई करें जैसे–पंजाबी, टी.एम.वी. 1, 2, 3, बी–30 आदि।
- केप्टान (0.3 प्रतिशत) या थिराम (0.4 प्रतिशत) से बीज उपचार करना चाहिये।

5. तना गलन (स्टेम रोट)

यह *स्कलेरोशियम रोल्फसाई* नामक फफूंद से होता है, जिससे भूमि के ऊपर के सारे भाग प्रभावित होते हैं। शुरू में गहरे भूरे रंग के धब्बे तने के चारों ओर देखे जा सकते हैं जो बाद में सफेद-सफेद फफूंद के जाल से घिर जाते हैं।

रोकथाम के उपाय :-

- गर्मी में गहरी जुताई व अवशेषों को दबाना चाहिये।
- भूमि सौरीकरण से रोग बहुत कम लगता है।
- अगेती बुवाई व रोग रोधक किस्में जैसे- डी.एच. 8, आई.सी.जीवी-86590, ओ.जी. 5271, एन.आर.सी.जी. 10181ए 10527 आदि खेत में बोनी चाहिये।
- *ट्राईकोडर्मा विरड़ी* से बीज का उपचार करना चाहिये।

6. विषाणु रोग

मूँगफली की फसल को कई तरह के विषाणु रोगों से काफी नुकसान पहुंचता है इनमें बड़ नेकरोसिस, पी नट माटल, पी नट कल्मप व पी नट स्टेम नेकरोसिस प्रमुख है। ये विषाणु रोग माहू कीट से फैलते हैं।

रोकथाम के उपाय :-

- रोग सहनशील किस्में जैसे आईसीजीएस 11,1410,37, आर एस.एच. 14, टेग 24 डी.आर जी. 12 आदि काम में लेनी चाहिये।
- खरपतवारों से खेत मुक्त रखना चाहिये।
- स्वस्थ फसल से बीज काम में लेना चाहिये।
- फसल चक्र अपनाना चाहिये।
- खेत में थोड़ी मिश्रित खेती या कतारों में दूसरी फसल लगानी चाहिये।

नोट :- इन रोगों के अलावा कुछ अन्य पत्ती धब्बा, रोग जैसे- अल्टरनेरिया व *एन्थाकनोज, फोमोपसिस* फोमा पत्ती धब्बा रोग भी मूँगफली की फसल को नुकसान पहुंचाते हैं।

11
सरसों

वैज्ञानिक नाम : ***ब्रेसिका कैम्पेस्ट्रिस*** कुल– **ब्रेसिकेसी**

सरसों रबी मौसम की मुख्य तिलहनी फसल है इसकी खेती मुख्य रूप से राजस्थान, उत्तरप्रदेश, मध्यप्रदेश एवं हरियाणा में की जाती है। इसका प्रयोग विभिन्न रूपों में किया जाता है। इसके हरे पौधों को हरे चारे के रूप में प्रयोग किया जाता है एवं इसकी कोमल शाखाओं का उपयोग सब्जी के लिए किया जाता है। इसमें लगभग 33 प्रतिशत तेल पाया जाता है इसका तेल खाने, शरीर की मालिस, चमड़े एवं लकड़ी के सामान पर लगाने और साबुन एवं रबड़ के निर्माण उपयोग में किया जाता है व बीजों का प्रयोग मसाले एवं अचार बनाने में किया जाता है। इसकी खली को पशु आहार व खाद के रूप में प्रयोग किया करते हैं। जिसमें लगभग नाइट्रोजन 5.27, फास्फोरस 1.84 तथा पोटाश 1.16 प्रतिशत पाया जाता है जिससे फसल की उपज में वृद्धि होने के साथ–साथ अनेक रोगों के नियंत्रण में भी सहायता मिलती है। राजस्थान में इसकी खेती मुख्य रूप से गंगानगर, जोधपुर, उदयपुर, भरतपुर, अलवर, भीलवाड़ा, जयपुर एवं कोटा में की जाती है। कम सिंचाई तथा कम लागत में दूसरी फसलों के मुकाबले इस फसल से सबसे अधिक आय प्राप्त होती है। यह लवणीय तथा क्षारीय परिस्थितियों को कुछ हद तक सहने में सक्षम है। इस फसल के प्रमुख रोगों का विवरण यहाँ प्रस्तुत किया गया है। जो कि निम्न प्रकार हैं –

1. काला धब्बा (*पत्ती झुलसा*) या पर्णचिति

यह रोग *अल्टरनेरिया ब्रेसिकी* नामक फफूंद से होता है इस रोग के कारण पौधों की निचली पत्तियों पर छोटे–छोटे गहरे भूरे रंग के धब्बे दिखाई देते हैं जो कि तेजी से बढ़कर बड़े धब्बों का रूप ले लेते हैं। यह रोग तीव्र गति से बढ़कर ऊपर की पत्तियों, तने व फलियों को प्रभावित करता है। ग्रसित फलियों का बीज सिकुड़ कर छोटा हो जाता है। अधिक रोग उग्रता होने पर बीज सड़ भी जाता है। अनुकूल परिस्थितियों में पत्तियों के धब्बे आपस में मिलकर अंगमारी के लक्षण प्रकट करते हैं तथा पत्तियाँ मुरझा कर गिरने लगती हैं।

रोकथाम के उपाय :-

- स्वस्थ एवं प्रमाणित बीज काम में लेवें।
- रोग प्रभावित फसल के अवशेष को नष्ट कर देवें तथा खरपतवारों की सफाई करें।
- मेन्कोजेब फफूंदनाशक के 0.2 प्रतिशत घोल का रोग दिखते ही 15–15 दिन के अन्तराल से छिड़काव करें।

2. श्वेत किटट् या सफेद रतुआ (*व्हाईट रस्ट*)

यह रोग सभी सरसों उत्पादक क्षेत्रों में पाया जाता है, इससे काफी आर्थिक हानि पहुँचती है। पुष्पक्रम तक संक्रमण पहुँच जाने की दशा में मृदुरोमिल आसित व सफेद रतुवा के मिले जुले प्रभाव से 15–32 प्रतिशत की उपज में नुकसान आंका गया है। यह रोग *एल्बूगो केण्डिडा* नामक फफूंद से फैलता है। प्रभावित पौधों की पत्तियों की निचली सतह पर 1–2 मि.मी. व्यास के सफेद रंग के छोटे–छोटे फफोले बनते है। जो बाद में आपस में मिलकर अनियंत्रित आकार ग्रहण करते हैं। इनके ठीक पत्ती की ऊपरी सतह भूरे या कत्थई रंग के धब्बे दिखने लगते हैं। पूर्ण विकसित होने पर फफोले फट जाते हैं। तथा सफेद चूर्ण के रूप में फैल जाते हैं तथा पत्तियों पर भी फफोले फट जाते हैं। अतिवर्धन व अतिवृद्धि के कारण ग्रसित भाग तना, पुष्पक्रम, पुष्पदण्ड आदि फूल कर माँसल हो जाते है। इसके प्रभाव से आंशिक व पूर्ण नपुसंकता उत्पन्न होने के कारण बीज नहीं बन पाते हैं। इस फूली हुई संरचना को बारहसिंघा (*स्टेगहेड*) कहते है।

रोकथाम के उपाय :-

- समय से (10–25 अक्टूबर की बीच) बुवाई करें।
- स्वस्थ व प्रमाणित बीजों का उपयोग करें।
- रोगग्रसित फसल अवशेष को जलाकर या दबाकर नष्ट करें।
- खरपतवारों से फसल को साफ रखें तथा फसल की सिंचाई आवश्यकता से अधिक नहीं करें।
- मेटालेक्जिल या एप्रोन 35 एस.डी. से बीजोपचार 6 ग्राम दवा प्रति किलोग्राम बीज की दर से उपचारित करने से बीज द्वारा पनपने वाले रोग को रोका जा सकता है।
- खड़ी फसल पर रोग के लक्षण दिखते ही मेन्काजेब/रिडोमील एम. जेड 72 डब्लू. पी. फफूंदनाशक का 0.2 प्रतिशत घोल का छिड़काव करें। अधिकतम तीन छिड़काव ही आर्थिक दृष्टिकोण से उचित होते हैं।

3. मृदुरोमिल आसिता (*डाउनी मिल्डयू*)

यह रोग *हायलोपेरेनोस्पोरा पैरासिटीका* नामक फफूंद से फैलता है। इस रोग के कारण प्रारम्भ में छोटे-छोटे गोलाकार मटमैले भूरे या बैंगनी रंग के धब्बे पत्तियों के निचली सतह पर बनते हैं। जो कि बाद में आपस मे मिलकर अनियंत्रित आकार ग्रहण करते है। परिणामस्वरूप पत्तियाँ सिकुड जाती है तथा नाजुक हो जाने के कारण फट जाती हैं। इन्ही धब्बों पर मटमैली या बैंगनी रंग की कवकीय वृद्धि (धूनी हुई रूई के समान) दिखाई देती है जो कि ठण्डे एवं नम वातावरण मे अधिक उग्र रूप में प्रकट होती है। सूखे हुए पुष्पक्रमों पर मृदुरोमिल आसिता व सफेद रतवा के मिश्रित लक्षण भी दिखाई देते हैं।

रोकथाम के उपाय :-

- सफेद रतवा रोग के प्रबंधन समान।

4. तना गलन (*स्टेम रोट*)

यह रोग *स्केलेरोटीनिया स्कलेरोशियरम* नामक फफूंद से फैलता है। रोग प्रारम्भ में तने पर लम्बे पनिहल धब्बें (वाटर सोक्ड स्पोट) बनते हैं जिन पर कवक जाल रूई की तरह फैला रहता है। रोग के कारण जब तना चारों तरफ से कवक जाल से घिर जाता है तो पौधा मूरझा कर सूखने लगता है। इस रोग के कारण पौधों की वृद्धि व विकास रूक जाता है तथा बौने रहकर जल्दी पकने लगते हैं। रोग के कारण तना फट जाता है। प्रभावित तने की सतह पर भूरी सफेद या काली-काली गोल आकृति की संरचनाएं पाई जाती हैं।

रोकथाम के उपाय :-

- गर्मी में गहरी जुताई करें।
- स्वस्थ बीजों का चयन करें।
- रोग प्रभावित फसल अवशेषों को नष्ट कर देवें।
- फसल चक्र अपनायें ।
- कार्बेन्डेजिम (0.1 प्रतिशत) फफूंदनाशक दवा का छिड़काव दो फूल आने के समय पर 20 से 25 दिन के अन्तराल (बुवाई के 50 से 70वें दिन पर) करने से रोग बचाव किया जा सकता है।

5. चूर्णील आसिता (*पाऊडरी मिल्डयू*)

यह रोग मुख्य रूप से गुजरात, राजस्थान, हरियाणा व महाराष्ट्र में पाया जाता है। फसल में क्षति की मात्रा, रोग फैलाव व फसल की अवस्था पर निर्भर करती है।

यह रोग *इरिसाइफी* नामक फफूंद से फैलता है। जिसके कारण पौधों की निचली पत्तियों के दोनों ओर मटमैले सफेद रंग के धब्बे के रूप में होते हैं जो तने व फलियों पर भी बनते हैं। अनुकूल वातावरण में धीरे–धीरे धब्बें बढ़ते जाते हैं और आपस में मिलकर पौधों को सम्पूर्ण रूप से ढ़क लेते हैं तथा उन पर खड़ियानुमा चूर्ण फैल जाता है। ग्रसित पौधों की वृद्धि रूकने से वे बौने रह जाते हैं, उन पर फलियाँ कम बनती हैं।

रोकथाम के उपाय :-

- घुलनशील गंधक (0.2 प्रतिशत) या डिनोकेप (0.1 प्रतिशत) की वांछित मात्रा को प्रति लीटर पानी मे घोलकर रोग लक्षण दिखाई देते ही छिड़काव करें। आवश्यकता होने पर 15 दिन के बाद पुनः छिड़काव करें।

○○○

12
अरण्डी

वैज्ञानिक नाम : ***रिसिनस कम्युनिस*** कुल– **यूफॉर्बिएसी**

यह एक महत्त्वपूर्ण तिलहन फसल है। इस फसल की बहुत सारी किस्में भारत में उगाई जाती है। उनमें से कुछ बहुवर्षीय लेकिन मुख्यत: एक वर्षीय फसल होती है। इनसे निकले तेल का उपयोग औषधिय व स्नेहक के रूप में किया जाता है। तेल निकालने के पश्चात् बची हुई खल का उपयोग खाद के रूप में किया जाता है। अरण्डी की फसल के प्रमुख रोगों का विवरण यहाँ प्रस्तुत किया गया है। जो कि निम्न प्रकार हैं– रोली, उकठा, जड़ गलन, चूर्णिल आसिता, पत्ती धब्बा रोग लगते हैं।

1. रोली

यह रोग अरण्डी की फसल में दक्षिणी–पश्चिमी मानसून के बाद आता है तथा नवम्बर–दिसम्बर माह में इस रोग का प्रकोप सर्वाधिक होता है। यह रोग *मेलौम्पसोरा रीसीनाई* नामक फफूंद से होता है। इस रोग में पौधे की पत्तियों की निचली सतह पर छोटे–छोटे फफोले के रूप में नारंगी रंग के धब्बे दिखाई देते हैं। ये धब्बे बाद में बड़े होकर पूरी पत्ती को सूखा देते हैं।

रोकथाम के उपाय :–

- बिजाई से पूर्व विटावेक्स 2 ग्राम प्रति किग्रा. बीज के हिसाब से बीजोपचार करना चाहिए।
- रोग के लक्षण दिखाई देने पर प्रोपीकोनाजोल (टिल्ट) 1 ग्राम प्रति लीटर के हिसाब से छिड़काव करें।
- रोग प्रतिरोधी किस्मों का चयन करना चाहिए।

2. उकठा रोग

यह रोग *फ्यूजेरियम ऑक्सीस्पोरम रीसीनी* नामक फफूंद से होता है। इस रोग की वजह से पौधे की पत्तियाँ मुरझाने लगती हैं। तत्पश्चात ये पत्तियाँ पीले रंग की होकर

गिरने लगती हैं। इस रोग के कारण पौधे की संहवन तंत्र की नलिकाएं अवरूद्ध हो जाती हैं। जिससे पौधे को पानी व पोषक तत्वों की आपूर्ति नहीं हो पाती है। फलस्वरूप पौधे सूखने लगते हैं तथा नष्ट हो जाते हैं। रोगी पौधे की जड़ को चीरकर देखने पर संवहन तंत्र में काले–भूरे रंग की नलिकाएं दिखती हैं जो इस रोग का मुख्य लक्षण है।

रोकथाम के उपाय :–

- इस रोगकारक के बीजाणु मृदा में कई वर्षों तक जीवित रहने की क्षमता रखते हैं। अतः इनकी संख्या को कम करने के लिए फसल चक्र का उपयोग अति आवश्यक है। फसल चक्र में अरण्डी फसल के बाद, बाजरा, ग्वार तथा मूंग या मोठ की खेती की जा सकती है।
- रोग के लक्षण दिखते ही पौधे को उखाड़ के नष्ट कर देना चाहिए।
- बीजाई से पूर्व कार्बेन्डाजिम 2 ग्राम प्रति किग्रा. या थीरम 3 ग्राम प्रति किग्रा. या मित्र फफूंद ट्राइकोडर्मा 10 ग्राम प्रति किग्रा. बीज के हिसाब से बीजोपचार करना चाहिए।
- इस मित्र फफूंद की 2.5–3 किलोग्राम मात्रा एफवाईएम (FYM) के साथ मिलाकर प्रति हेक्टेयर की दर से बीजाई से पूर्व भूमिपचार करें।
- रोग प्रतिरोधी किस्में जैसे– जी.सी.एच.4,5,7,9, आर.एच.सी. 1, गीता, एसकेपी–16, जेआई–258 का उपयोग करना चाहिए।

3. शुष्कजड़ गलन या तना गलन

यह रोग *मेक्रोफोमिना फेजिओलिना* नामक फफूंद से होता है। इस फफूंद के कारण पौधे की द्वितीयक मूल सड़कर नष्ट हो जाती है। जिसके कारण पौधे को आसानी से उखाड़ा जा सकता है। इस रोग के कारण जड़ें काली–भूरी रंग की हो जाती है तथा पौधे जल तथा पोषक तत्त्वों के अभाव में समय से पूर्व मर जाते हैं। जिसके कारण उपज में भारी कमी आती है।

रोकथाम के उपाय :–

- फसल चक्र को अपना कर खेती करें जिसके कारण अरण्डी की फसल एक ही खेत में एक या दो साल के अन्तराल बाद लेने पर कवक की संख्या में काफी कमी आती है।
- फसल चक्र में अरण्डी के स्थान पर बाजरा, मूंग, मोठ तथा जीरे की फसलें उपयुक्त मानी जाती है।

- रोगग्रस्त खेतों में अरण्डी की फसल को नहीं बोना चाहिए।
- गर्मी की जुताई करने से फफूंद की संख्या में गिरावट आती है।
- बीजाई से पूर्व कार्बेन्डाजिम या थीरम 2 ग्राम प्रति किलोग्राम बीज से बीजोपचार करना चाहिए।
- बीजोपचार के लिए मिश्रित मरूसेना का उपयोग 10 ग्राम प्रतिकिलोग्राम के हिसाब से करना उत्तम माना जाता है।
- रोगरोधी किस्में जैसे– जी.सी.एच.–4, जीसीएच–5, जीसीएच–6 व जेआई–102 के बीजों का उपयोग करे।

4. अंगमारी (*फाइटोप्थोरा*)

यह अरण्डी की एक गंभीर समस्या है जो *फाइप्टोथोरा कोलोकेसीए* फफूंद से होती है। यह रोग मुख्यत: अधिक जल भराव वाले खेतों में तथा ऐसे खेत जिसमें जल निकास की सुविधा न हो, इस प्रकार के खेतों में बहुत तेजी से फैलता है। इस रोग के कारण पौधों की पत्तियों पर अनियमित आकार के हरे रंग के धब्बे दिखाई देते हैं। बाद में ये धब्बे मिलकर पूरी पत्तियों को नष्ट कर देते हैं। सामान्यत: ये लक्षण 6–7 इंच की लम्बाई के पौधों में शुरू हो जाते हैं। धीरे–धीरे पौधे बडे होने पर यह तने व अन्य भागों को खराब कर देता है। जिसके कारण पौधे नष्ट हो जाते हैं।

रोकथाम के उपाय :–

- खेतों में जल की निकासी के पर्याप्त प्रबंध करने चाहिए जिससे जल भराव की समस्या का समाधान हो जाता है तथा इसकी वजह से रोगकारक फफूंद को पनपने के लिए उचित वातावरण नहीं मिल पाता है।
- पुराने रोगग्रस्त पौधों को जलाकर नष्ट कर देना चाहिए।
- रोग के प्रथम लक्षण दिखने पर मेंकोजेब का 0.2 प्रतिशत घोल बनाकर 10–15 दिनों के अन्तराल पर दो छिड़काव करें।
- रोगप्रतिरोधी किस्मों जैसे– टाइप–9, टीएमबी–3, एचसी–6, पंजाब नंबर–1 के बीजों का उपयोग करें।

5. पत्तीधब्बा

यह रोग *अल्टरनेरिया रिसीनाई* नामक फफूंद से होता है। इस रोग के लक्षण पौधे के सभी भागों में देखे जा सकते हैं। शुरूआत में यह लक्षण छोटे–छोटे धब्बों के रूप में पत्तियों पर दिखाई देते हैं। बाद में ये धब्बे तने की शाखाओं में भी दिखाई देते हैं। अनुकूल परिस्थितियों में ये धब्बे आपस में मिलकर पूरी पत्तियों को नष्ट कर देते

हैं। जिससे पौधों में प्रकाश संश्लेषण की प्रक्रिया बाधित हो जाती है। फलस्वरूप बीजों के आकार में वृद्धि नहीं हो पाती है तथा तेल की मात्रा भी कम रह जाती है। कभी-कभी ये कवक फूलों व कलियों पर भी आक्रमण कर देती है। जिसके कारण कलियां मर जाती हैं। तथा फूलों का गुच्छा काला पड़ जाता है। ये कवक प्रतिकूल परिस्थितियों में बीजों में पौधों के अवशेषों पर जीवन यापन करती है।

रोकथाम के उपाय :-

- गर्मी के मौसम में गहरी जुताई करें ताकि भूमि में उपस्थित कवक पूरी तरह से समाप्त हो जाये।
- पौधे के अवशेषों को नष्ट कर देना चाहिए।
- रोग रहित बीजों का प्रयोग करना चाहिए तथा बीजाई से पूर्व थीराम 3 ग्राम प्रति किलोग्राम के हिसाब से बीजोपचार करना चाहिए।
- खेतों के आसपास खरपतवार व जंगली अरण्डी के पौधों को नष्ट कर देना चाहिए।
- रोग के लक्षण दिखाई देते ही मेंकोजेब 2 ग्राम प्रति लीटर के हिसाब से 10-12 दिन के अन्तराल पर 2-3 छिड़काव करें।

6. छाछ्या/चूर्णिल आसिता रोग

यह रोग *लेवीलूला टोरिका* फफूंद से होता है। यह रोग शुष्क वातावरण में होता है। इसके कारण पत्तियों पर सफेद चूर्ण की परत मुख्यत: पत्तियों की ऊपरी सतह पर बनती है। लेकिन अनुकूल परिस्थितियां मिलने पर सम्पूर्ण पौधे के सभी अंगो को सफेद चादर से ढ़क देती है। यह सफेद पाउडर इस फफूंद के बीजाणु है जो कि हवा से एक पौधे से दूसरे पौधे पर फैल जाते हैं। इनके कारण फूलों के गुच्छों का पूर्ण विकास नहीं हो पाता है तथा ये समय से पूर्व झड़ जाते हैं। जिससे उपज में भारी कमी आती है।

रोकथाम के उपाय :-

- अरण्डी में छाछ्या रोग के प्रथम लक्षण दिखते ही सल्फेक्स 3 ग्राम प्रति लीटर या केराथेन 2 ग्राम प्रति लीटर पानी में मिलाकर छिड़काव करें।

OOO

13
ग्वार

वैज्ञानिक नाम : ***सायमोप्सिस टेट्रागोनोलोबा*** कुल– **फैबेसी**

ग्वार शुष्क व अर्ध–शुष्क क्षेत्रों में खरीफ के रूप में ली जाने वाली एक प्रमुख फसल है। जमीन में नत्रजन को स्थिर करने वाली यह फसल भारत में करीब 23 लाख हैक्टेयर में लगाई जाती है, उसमें से राजस्थान का करीब 80 प्रतिशत हिस्सा हैं। इसके अलावा गुजरात, हरियाणा व पंजाब में भी इसकी खेती की जाती है। पौराणिक समय से ही ग्वार सब्जी के रूप में व पशुओं के चारे व आहार के रूप में काम में लिया जाता रहा है। पिछले तीन दशकों से ग्वार के बीजों में पाये जाने वाले गोंदनुमा तत्त्व की वजह से इस फसल का औद्योगिकीकरण हो गया है। आज भारत करीब 800–900 करोड़ रुपये मूल्य का निर्यात ग्वार के विभिन्न उत्पादकों के रूप में हो रहा है। इस फसल के कारण काफी रोजगार के अवसर भी बढ़े हैं। इसकी कम पानी में भी अच्छी पैदावार देने की क्षमता की वजह से यह शुष्क क्षेत्रों में काफी लोकप्रिय फसल है। राजस्थान हालांकि पूरे देश का 80 प्रतिशत क्षेत्र का प्रतिनिधित्व करता है, परन्तु इसकी उत्पादन क्षमता अन्य राज्यों के मुकाबले काफी कम है। रोग व व्याधि प्रबन्धन से ग्वार की उत्पादन क्षमता प्रति हैक्टेयर बढ़ाई जा सकती है। इस फसल के प्रमुख रोगों का विवरण निम्न प्रकार से हैं–

1. शाकाणु झुलसा (*बेक्टीरियल ब्लाईट*)

यह रोग ग्वार की खेती करने वाले सभी क्षेत्रों में होता है। भारत के अलावा अन्य देशों में भी यह रोग ग्वार पर काफी नुकसान पहुँचाता है। उग्र अवस्था में इस रोग से 45 से 50 प्रतिशत तक उपज कम हो जाती है। यह रोग *जेन्थोमोनास एक्जोनोपोडीस पेथोवार साईमोप्सिडिस* नामक शाकाणु से होता है।

यह रोग पौधे की किसी भी अवस्था में हो सकता है। प्रारम्भ में पत्तियों के दोनों तरफ शिराओं के मध्य छोटे बड़े गोल चिपचिपे धब्बे देखे जा सकते हैं, जो अनुकूल वातावरण मिलने पर एक दूसरे में मिलकर पत्तियों को झुलसा देते हैं। पत्तियाँ समय से

पहले गिर जाती हैं। उग्र अवस्था में तने पर लम्बाकार धारियां दिखाई देती हैं। जिससे तना काला पड़ जाता है। पौधों पर फलियां कम लगती हैं व इनमें दाने भी कम हो जाते हैं।

यह रोग छुट–पुट वर्षा में अधिक आर्द्रता व कम तापमान से ज्यादा फैलता है। रोग के जीवाणु बीज के माध्यम से एक से दूसरे पौधे में प्रसारित होते हैं। एक बार पौधों की पत्तियों पर लगने के बाद वर्षा के छीटों आदि से यह रोग स्वस्थ पौधों में तेजी से फैलता है। पौधों की एक माह की अवस्था सबसे नाजुक होती है।

रोकथाम के उपाय :–

- खेत में रोग रोधी या रोग सहनशील किस्में लगानी चाहिये। आर.जी.सी. 936, आर.जी.सी. 1002 एच.एफ.जी. 75, आर.जी.सी. 1002, एच.जी.एस. 0365 आदि प्रमुख रोग रोधी किस्में है।
- स्वस्थ बीजों को बोने के काम में लेने चाहिये।
- बीजों को *स्ट्रेप्टोसाइक्लीन* (0.025 प्रतिशत) से उपचारित करके बोना चाहिये। आठ लीटर पानी में 2 ग्राम *स्ट्रेप्टोसाइक्लीन* घोल कर बीजों को 2 घंटे तक डुबाकर निकालने के बाद छाया में सुखाकर बोने चाहिये।
- रोग फैलने के लिये अनुकूल मौसम होने पर 10 ग्राम *स्ट्रेप्टोसाइक्लीन* 100 लीटर पानी (0.01 प्रतिशत) में मिलाकर छिड़कना चाहिये। उग्र अवस्था हो तो दूसरा छिड़काव 15 रोज के पश्चात करना चाहिये। खेत में पिछले वर्ष का कचरा नहीं छोड़ना चाहिये।

2. शुष्क जड़ गलन (*ड्राई रूट रोट*)

यह रोग भूमि व बीज दोनों ही तरीकों से फैलती है। इसका प्रकोप कम वर्षा या दो वर्षा के बीच में लम्बे अन्तराल होने पर ज्यादा होता है। रोग की उग्र अवस्था में 40 से 50 प्रतिशत तक नुकसान हो जाता है। मुरझाये पौधों व हल्के भूरे रंग के तनों के रूप में इस रोग की पहचान हो सकती है। ऐसे पौधे आसानी से उखाड़े जा सकते हैं। रोगग्रस्त पौधों पर फलियां नहीं लगती हैं तथा जड़ों में नत्रजन संचय करने वाली ग्रन्थियाँ नहीं बनती हैं।

रोकथाम के उपाय :–

- बोने से पहले बीजों को कार्बेन्डेजिम (2 ग्राम प्रति किलो बीज) से उपचारित करें। इससे पहले *स्ट्रप्टोसाइक्लीन* से उपचारित कर देना चाहिये ताकि झुलसा व जड़ गलन दोनों का उपचार हो सके।

- फसल चक्र में बाजरा लेने से दूसरे वर्ष में रोग कम होता है।
- जल्दी पकने वाली किस्मों को बोना चाहिये।
- पौधों की कतारों के बीच में खेत में काम नहीं आने वाले पौधों के अवशेषों की परत डालना एवं मिंगनी की खाद मिलाना आदि उपयोगी है।
- सिंचाई की सुविधा वाले क्षेत्र में जहाँ रबी की फसल भी ली जाती है, 2.5 टन सरसों की फसल अवशेष व आधा टन सरसों की खली मिलाकर मई महीने में खेत में डालनी चाहिये व तेज गर्मी के समय एक पानी देना चाहिये। तेज गर्मी में सरसों के कचरे के सड़ने पर जो गैसें उत्पन्न होती हैं, वे इस रोग की फफूंद को काफी हद तक नष्ट कर देती हैं।
- सिंचाई की सुविधा कम होने पर बुवाई से पहले कम्पोस्ट खाद 4 टन प्रति हैक्टर मिलाने से भी रोग कम हो जाता है। कम्पोस्ट विलायती बबूल, खेत के खरपतवार आदि का बनाया जा सकता है।

3. पत्ती धब्बा (अल्टनेरिया लीफ स्पोट)

यह रोग फफूंद से होता है। पत्तों पर छोटे–छोटे गहरे भूरे रंग के गोल या असमान धब्बे होते हैं जो गोलाकार छल्लों का रूप ले लेते हैं, आर्द्र मौसम में फैलकर पत्ती के ज्यादातर भाग को झुलसा देते हैं। रोग की उग्र अवस्था में फलियां कम लगती हैं व दानों का आकार छोटा होता है। यह रोग बीजों द्वारा फैलता है।

रोकथाम के उपाय :–

- रोग रहित क्षेत्रों से उत्पन्न बीजों को काम में लेने से इस रोग की रोकथाम हो सकती है।
- रोग सहनशील किस्में जैसे एच.जी.एस. 365, आर.जी.सी. 986 आदि बोनी चाहिये।
- रोग के लक्षण दिखते ही कॉपर आक्सीक्लोराइड (0.3 प्रतिशत) को *स्ट्रेप्टोसाइक्लीन* के साथ मिलाकर छिड़काव करना चाहिये। इस प्रकार शाकाणु झुलसा व पत्ती धब्बा का एक साथ ही उपचार किया जा सकता है।

4. छाछ्या (*पाउडरी मिल्ड्यू*)

यह रोग *ओइडोपसिस टाऊरिका* नामक फफूंद से होता है। यद्यपि राजस्थान के मरु क्षेत्रों में इसकी शुरूआत फसल के पकने के कुछ ही समय पूर्व होती है परन्तु गुजरात के क्षेत्रों में यह काफी समय पहले ही देखा जा सकता है। यह रोग सिर्फ पत्तियों पर ही आक्रमण करता है। पत्तियों पर गहरे सफेद रंग के धब्बे हो जाते हैं जो

निचली सतह पर ही अधिक होते हैं। उष्ण तापक्रम (35 °C) कम आर्द्रता (50 प्रतिशत) व तेज धूप इसके फैलने में सहायक होती है। रोग की उग्र अवस्था में पत्तियाँ जल्दी गिर जाती है।

रोकथाम के उपाय :–

- गन्धक युक्त फफूंद नाशक (0.2 प्रतिशत) दवा का छिड़काव सबसे प्रभावकारी व सस्ता है।
- डिनोकेप, ट्राईडीमोर्फ, आदि का छिड़काव (0.1 प्रतिशत) भी काफी प्रभावशाली रहता है लेकिन थोड़ा महंगा है।
- *स्ट्रेप्टोसाइक्लीन* (0.01 प्रतिशत) व डिनोकेप (0.01 प्रतिशत) का सम्मिलित छिड़काव जीवाणु झुलसा व छाछ्या के लिये काफी प्रभावकारी है जिससे पानी की बचत भी होती है।

इन प्रमुख रोगों के अलावा ग्वार को कुछ पत्ती धब्बा रोगों से भी नुकसान पहुंचता है, जिनमें सरकोस्पोरा, मिरोथिसियम, करवुलेरिया व कोलीटोट्राईकम प्रमुख है। मौसम की अनुकूलता से ये धब्बे फसल की एक माह की अवस्था में देखे जा सकते हैं। उग्र अवस्था में ही ये ग्वार को अधिक नुकसान पहुंचा पाते है। इनकी रोकथाम मेन्कोजेब या कॉपर आक्सीक्लारोराईड (0.2 प्रतिशत) के एक छिड़काव से की जा सकती है।

○○○

14
कपास

वैज्ञानिक नाम : ***गोसिपियम हरबेसियम*** कुल– **माल्वेसी**

कपास की खेती को सफेद सोना के नाम से भी जाना जाता है यह रेशे वाली नगदी फसल है। कपड़े के कुल उत्पादन का 85 प्रतिशत भाग कपास के रेशे से ही मिलता है। इनके बीजों (बिनौले) से पशुओं के दूध में वसा की मात्रा बढ़ती है। भारत में इस फसल की बुवाई पुराने समय से होती आ रही है। इसका उत्पादन 9.2 मिलियन हेक्टेयर में 15 मिलियन टन प्रतिवर्ष होता है। राजस्थान में इसकी खेती बीकानेर, गंगानगर, हनुमानगढ़, चूरू, नागौर, उदयपुर एवं चित्तौड़गढ जिले में होती है। इस फसल में रोग व कीड़ों का प्रकोप काफी ज्यादा होता है। जिसके कारण इसके उत्पादन में सालाना 10 प्रतिशत तक नुकसान होता है। रोगों के प्रभाव से पौधे कमजोर हो जाते हैं, डोडे कम बनते हैं तथा रेशे की गुणवत्ता भी गिर जाती है। कपास में होने वाले प्रमुख रोगों का विवरण नीचे दिया गया है।

1. उकठा

यह कपास का एक मुख्य रोग है। जिसके कारण पौधे छोटी अवस्था में मर जाते हैं या पौधे छोटे रह जाते हैं। रेशा कच्चा होता है। राजस्थान में यह रोग देशी कपास में श्रीगंगानगर व मेवाड़ क्षेत्र में ज्यादा होता है। यह रोग *फ्युजेरियम ऑक्सीस्पोरम वेसीनफेक्टम* नामक फफूंद से होता है। इस रोग की मुख्य पहचान रोगी पौधे के तने को चीरकर देखने पर ऊत्तक काले या गहरे भूरे रंग के दिखाई देते हैं।

रोकथाम के उपाय :–

- यह रोग देशी कपास में होता है। अत: जहाँ–जहाँ इस रोग की समस्या हो वहाँ गोसिपियस आरबोरियम की जगह गोसिपियम हिरसूटम को लगाना चाहिए।
- बीजाई से पूर्व कार्बन्डाजिम 50 प्रतिशत डब्ल्यू. पी. (2 ग्राम प्रति किग्रा.) से बीजोपचार तथा जिंक सल्फेट (25 किग्रा. प्रति हेक्टेयर) से भूमि उपचार करना चाहिए।

- गर्मी के दिनों में गहरी जुताई करके पर इस रोग को नियंत्रित किया जा सकता है।
- गर्मी की जुताई से रोगकारक के बीजाणु सूर्य की तेज धूप के सम्पर्क में आने पर मर जाते हैं।
- बीजाई से पूर्व खेतों में जीवांश खाद और अन्य कार्बनिक खाद के डालने से लाभकारी फफूंद जैसे– ट्राइकोडर्मा आदि की संख्या में बढ़ोतरी होती है। ये लाभकारी फफूंद, इस रोगकारक की वृद्धि को रोकने में सक्षम होती है। जिससे यह रोग कम मात्रा में फैलता है।

2. जड़ गलन (रूट रोट)

यह कपास पर लगने वाला प्रमुख रोग है। अमेरिकी कपास की अपेक्षा देशी कपास इससे ज्यादा प्रभावित होती है। यह रोग *राइजोक्टोनियॉ बटाटीकोला सोलेनाई* जाति की फफूंद से उत्पन्न होता है जो कि मृदाजनित है। यह रोग ज्यादातर 35–45 दिन की फसल अवस्था पर दिखाई देता है। रोग से संक्रमित पौधे एकाएक मुरझाये नजर आते हैं। रोग पूरे खेत में एक समान नहीं दिखाई देता है बल्कि इसकी शुरूआत खंडों (गोल घेरों) में होती है। रोग की उग्र अवस्था में पौधे की पत्तियाँ मुरझा कर नीचे की ओर लटकने लगती है और इनका रंग पीला पड़ जाता है और झड़ने लगती है। रोगी पौधों को खींचने पर जड़ सहित आसानी से उखड़ आते हैं तथा इनके जड़ों की छाल नष्ट हुई नजर आती है व अन्दर के ऊत्तक सूखे एवं मधुमक्खी के छत्ते के समान दिखाई देते हैं। संक्रमित पौधों की जड़ें काली पड़ी हुई नजर आती है। यह रोग तब उग्र रूप धारण कर लेता है जब मृदा में नमी 15–20 प्रतिशत व मृदा तापमान 35 डिग्री सेन्टीग्रेड होता है।

रोकथाम के उपाय :–

- समय पर बुवाई करें (15 अप्रेल से 30 अप्रेल तक)।
- ग्रीष्मकालीन गहरी जुताई करें।
- कम से कम दो वर्ष का फसल चक्र अपनाएं।
- रोग सहन करने वाली उन्नत किस्में (आई.जी. 8,15,18 व सी.ए.–9,10) लगायें।
- बीजों को बुवाई से पूर्व कार्बेन्डेजिम (2 ग्राम प्रति किलो बीज) या ट्राईकोडरमा (4 ग्राम प्रति किलो बीज) से उपचारित कर बुवाई करें।
- कपास व मोठ की मिश्रित फसल लेने पर इस रोग का प्रकोप स्वत: कम हो जाती है।

- मृदा में बुवाई से पहले जिंक सल्फेट (24 किलो प्रति हैक्टयर क्षेत्र) मिलाने से भी इस रोग का प्रभावी नियंत्रण हो जाता है।
- पोटाश उर्वरक मिट्टी परीक्षण के आधार पर देवें क्योंकि इसकी मृदा में कमी होने पर रोग अधिक फैलता है।
- वर्षा के बाद मृदा पर बनी पपड़ी को तोड़ देवें।

3. जीवाणु अंगमारी (*ब्लेक आर्म*)

यह रोग कपास का अत्यन्त विनाशकारी रोग है जो *जेन्थोमोनास एग्जोनोपोडिस मालवेसिएरम* नामक जीवाणु से उत्पन्न होता है तथा बीज जनित है। यह रोग पौधे के विकास की किस अवस्था पर आता है तथा कौन–से भाग को चपेट में लेता है। उसी अनुरूप विभिन्न नामों से जाना जाता है। इस रोग से अमेरिकन कपास, देशी कपास की तुलना में अधिक प्रभावित होती है।

रोग के सर्वप्रथम लक्षण नन्हे पौधों के बीज पत्र पर गोल, जलीय धब्बों के रूप में दिखाई देते हैं। बाद में ये धब्बे अनियमित आकार में बड़े व भूरे रंग के दिखाई देते हैं। इन धब्बों के कारण बीज पत्र गिर जाते हैं तथा रोग के उग्र रूप धारण करने पर संक्रमित नन्हें पौधे मुरझा कर नष्ट हो जाते हैं। रोग की यह अवस्था अंगमारी के नाम से जानी जाती है। परिपक्व पौधों की पत्तियों पर भी छोटे–छोटे जलीय धब्बे बनते हैं जो बाद में बड़े होकर आपस मिल जाते हैं तथा रंग में भूरे काले व आकार में कोणीय दिखाई देते हैं। रोग की यह अवस्था कोणीय पत्ती धब्बा कहलाती है। इस समय पत्तियाँ पीली पड़कर सूखने व पौधे से गिरने लगती है। रोग जब तने व शाखाओं पर फैलता है तब संक्रमित भाग पर धंसे हुए भूरे काले रंग के लम्बे धब्बे बनते हैं, इस कारण कोमल शाखाएं टूटने लगती हैं तथा तना काला पड़ जाता है। यह अवस्था काली शाखा रोग कहलाती है, अन्त में यह रोग डोडियों को भी अपनी चपेट में ले लेता है। डोडियों पर शुरूआत में छोटे–छोटे जलीय धब्बे बनते हैं जो बाद में बड़े व भूरे–काले धंसे हुए नजर आते हैं, इस समय जीवाणु डोडियों के अन्दर प्रवेश कर जाते हैं तथा रेशे को भी घटिया स्तर में बदल देते हैं, वातावरण में अधिक नमी, बरसात का मौसम तथा 28 डिग्री सेन्टीग्रेड के आसपास तापमान इस रोग को फैलाने में सहायक होते हैं।

रोकथाम के उपाय :–

- अमेरिकन कपास की बुवाई 1 मई से 20 मई के बीच में करने से, पोटाश उर्वरक का प्रयोग करने से तथा फसल चक्र अपनाने से रोग में गिरावट देखी जा सकती है। खेती की सफाई पर ध्यान देवें। रोगी पौधों के अवशेषों का इकठ्ठा कर जला देवें तथा खरपतवारों का नियंत्रण करें।

- रोग रोधी किस्में उगावें।
- कपास के बीजों को स्ट्रेप्टोसाइक्लिन (1 ग्राम दवा प्रति 10 लीटर पानी) या एग्रीमाइसिन (2.5 ग्राम दवा प्रति 10 लीटर पानी) के घोल में डूबोकर रखें। रेशा उतरे हुए बीज को 2 घंटे तथा रेशा नहीं उतारे हुए बीज को 8–10 घंटे तक भिगोया रखें। तत्पश्चात छाया में सूखा कर बुवाई करें।
- खेत में खड़ी फसल पर रोग के लक्षण दिखाई देने पर स्ट्रेप्टोसाइक्लिन या प्लान्टोमाइसिन दवा (1 ग्राम प्रति 20 लीटर पानी) तथा तांबायुक्त फफूंद नाशी दवा (60 ग्राम प्रति 20 लीटर पानी) मिलाकर घोल बनाकर एक या दो छिड़काव करें।

4. पत्ती धब्बा

यह रोग अल्टरनेरिया, सरकोस्पोरा, मायरोथिसियम व हेल्मिन्थोस्पोरियम नामक फफूंदों से होता है। इस रोग के कारण कपास की पत्तियों पर छोटे–छोटे काले–भूरे रंग के धब्बे दिखाई देते हैं जो धीरे–धीरे बड़े होकर पूरी पत्ती को नुकसान पहुंचाते हैं। जिसके फलस्वरूप प्रकाश–संश्लेषण की प्रक्रिया बाधित होती है तथा उपज में भारी कमी आती है।

रोकथाम के उपाय :–

- बुवाई से पूर्व कार्बेन्डाजिम 0.1 प्रतिशत या मेंकोजेब 0.2 प्रतिशत से बीजोपचार करना चाहिए।
- बीजोपचार के लिए मित्र–फफूंद ट्राइकोडर्मा की 4–6 ग्राम मात्रा प्रति किलो ग्राम बीज के हिसाब से भी उपयोग कर सकते हैं।
- रोग के प्राथमिक लक्षण दिखाई देते ही कॉपरआक्सीक्लोराइड 0.2 प्रतिशत या मेंकोजेब 0.2 प्रतिशत के घोल का छिड़काव 10 दिन के अन्तराल पर तीन से चार बार करना चाहिए।

5. पत्ती ऐंठन या *लीफ कर्ल*

कपास का यह एक घातक रोग है। इसको सर्वप्रथम श्रीगंगानगर जिले के किसानों के खेतों में देखा गया। तत्पश्चात यह रोग पंजाब, हरियाणा, राजस्थान व गुजरात के कई जिलों में फैल गया। यह रोग एक *जेमिनी* विषाणु से होता है। जिसके लिए सफेद मक्खी (*बेमेसिया टेबेसी*) वाहक का कार्य करती है। यह सफेद मक्खी संक्रमित पौधे से विषाणु को असंक्रमित पौधे में पहुंचाती है। अतः जो स्थान इन सफेद मक्खियों के अनुकूल वातावरण प्रदान करता है। वहां इनकी संख्या काफी ज्यादा

होती है। कपास की फसल की बीजाई से पूर्व ये सफेद मक्खियाँ किन्नू या संतरा के वृक्षों पर अपना जीवनचक्र पूरा करती है।

इस रोग के कारण पत्तियाँ सिकुड़ जाती है और तने की वृद्धि रूक जाती है। जिसके फलस्वरूप पौधा बौना दिखाई देता है। पत्तियों को सूर्य की रोशनी में देखने पर इनकी शिराएं पीले रंग की दिखाई देती हैं। अधिक संक्रमण की अवस्था में पुष्प सिकुड जाते हैं तथा समय से पूर्व झड़ जाते हैं।

रोकथाम के उपाय :-

- इस रोग को नियंत्रित करना बहुत ही कठिन हैं क्योंकि सफेद मक्खियों की जनसंख्या अनुकूल वातावरण मिलने पर बहुत ही तेजी से फैलती है।
- रोगग्रसित पौधों को उखाड़ कर जला देना चाहिए।
- रोग प्रतिरोधी किस्में जैसे आर.एस. 875, आर.एस. 992, आर.एस. 2013, एल.आर. 5166, एल.एच.एच. 144, आर.जी.-8, आर.जी. 18, गंगा कावेरी 151, अंकुर 651, सफेद सोना काम में लावें।
- कपास के खेत के आस-पास भिण्डी, हॉलीऑक, बैंगन, टमाटर, खीरा, सोलेनेसी वर्गीय सब्जीयाँ व धनिया की खेती नहीं करे। इसके अलावा खेत में खरपतवार नहीं पनपने देवें।
- पौधों में रोग के लक्षण दिखाई देने पर तुरन्त सर्वांगी कीटनाशी या नीम आधारित कीटनाशी दवा का छिड़काव करें जिससे कि रोग फैलाने वाले कीट खत्म हो जायें।
- अक्टारा 25 डब्ल्यू जी (थायोमेथोक्जाम) 200 ग्राम 500 लीटर पानी में घोल बनाकर छिड़काव करें।

उन्नत किस्में :-

देशी कपास - आर. जी. 8, एच.डी. 107, आर.जी.-18

बी.टी.कपास - एम.आर.सी.एच. 6304 (बी.जी. 1), एम.आर.सी.एच. 6025, एम.आर.सी.एच. 314, बी.जी.-11

OOO

15
मिर्च

वैज्ञानिक नाम : ***कैप्सिकम एनम*** कुल– **सोलेनसी**

मिर्च एक नगदी फसल है तथा हमारे भोजन का प्रमुख अंग है। स्वास्थ्य की दृष्टि से मिर्च में विटामिन 'ए' एवं 'सी' पाये जाते हैं तथा कुछ खनिज लवण भी होते हैं। संसार में सबसे ज्यादा मिर्च की खेती व उत्पादन भारत में ही होता है। राजस्थान में सबसे ज्यादा जोधपुर जिले में मिर्च की खेती की जाती है। जोधपुर क्षेत्र की मथानियाँ मिर्च अपने गहरे लाल रंग, कम बीज, कम तीखेपन व अच्छे स्वाद के कारण अन्य क्षेत्रों की स्थानीय किस्मों की तुलना में भारतीय व विदेशी ग्राहकों द्वारा ज्यादा पसन्द की जाती है। इस किस्म की मिर्च को नमकीन (मिर्चीबड़ा) बनाने में पसन्द किया जाता है। शुभ कार्यों पर धागे में मिर्च पिरो कर लटकाने का भी हमारे देश में प्रचलन है। मिर्च नगदी फसल होने के कारण काश्तकारों द्वारा ज्यादा उपज की चाहत में इस क्षेत्र के किसान फसल को जरूरत से ज्यादा पानी, उर्वरक व हार्मोन देते हैं। इसके अलावा एक ही खेत में बार–बार मिर्च लेते रहते हैं। इन कारणों से मिर्च की पैदावार बढ़ना तो दूर रहा पर रोगों का प्रकोप दिनों–दिन जरूर बढ़ता जा रहा हैं। इस फसल के प्रमुख रोगों का विवरण निम्न प्रकार से हैं –

1. आर्द्रगलन (*डेम्पिंग ऑफ*)

यह रोग *पीथीयम* फफूंद द्वारा उत्पन्न होता है तथा छोटी पौध अवस्था (पौधशाला) में अधिक होता है। जमीन की सतह पर स्थित तने का भाग काला पड़कर कमजोर हो जाता है तथा नन्हें पौधे गिरकर मर जाते हैं। इस रोग के रोगाणु मृदा, बीजों व रोगी पौधों के अवशेषों (मलबे) के साथ भूमि में पड़े रहते हैं और अगले मौसम में संक्रमण कर रोग उत्पन्न कर देते हैं।

रोकथाम के उपाय :–

- बीज की बुवाई से पूर्व थाइरम या केप्टान नामक फफूंद नाशक से 3 ग्राम प्रति किलोग्राम बीज की दर से उपचारित करें।

- पौधशाला (नर्सरी) में बुवाई से पूर्व थाइरम या केप्टान 4–5 ग्राम प्रति वर्ग मीटर की दर से भूमि में मिलावें।
- नर्सरी, आस–पास की भूमि से 4–6 इंच उठी हुई भूमि पर बनावें।

2. मूल ग्रन्थि (*निमेटोड*)

यह रोग सूत्रकृमि *मेलोइडोगायनी इन्गोकनिटा* द्वारा उत्पन्न होता है। इसके प्रकोप से पौधों की जड़ों में गाठे बन जाती है तथा पौधे पीले पड़ जाते हैं। पौधे की बढ़वार रूक जाती है जिससे पैदावार में कमी हो जाती है।

रोकथाम के उपाय :–

- पौधशाला में बीजाई से पूर्व 3 ग्राम फोरेट 10 प्रतिशत कण या *कार्बोफ्यूरॉन* 3जी कण 8–10 ग्राम दवा प्रति वर्ग मीटर के हिसाब से भूमि में मिलावें।
- पौध रोपण के समय पौधों की रोपाई के स्थान पर 25 किलो *कार्बोफ्यूरॉन* 3जी दवा प्रति हैक्टेयर की दर से भूमि में मिलावें अथवा पौधों की जड़ों को 1 मिलीलीटर फास्फोमिडॉन 40 एस एल दवा प्रति लीटर पानी के घोल में आधा घंटा भिगो कर खेत में रोपाई करें।

3. चूर्णिल आसिता

यह रोग छाछ्या रोग के नाम से भी जाना जाता है तथा *इरीसाईफी* नामक फफूंद द्वारा उत्पन्न होता है, रोग के प्रकोप से पत्तियों पर सफेद चूर्णिल धब्बे दिखाई देते हैं तथा अधिक रोगग्रसित पत्तियाँ पीली पड़कर झड़ जाती हैं। रोगी पौधे कमजोर रह कर कम उत्पादन देते हैं।

रोकथाम के उपाय :–

- केराथेन अथवा कैलिक्सन दवा 1 मिली/लीटर पानी में घोल का छिड़काव करें एवं आवश्यकतानुसार 15 दिन के अन्तराल पर दोहरावें।

4. श्यामवर्ण (*एन्थ्रेकनोज*)

यह रोग *कोलीटोट्राईकम केप्सीसाई* नामक फफूंद द्वारा उत्पन्न होता है। पहचान लक्षणों के रूप में पत्तियाँ झड़ने लगती हैं। रोग के उग्र अवस्था में कोमल शाखाएं शीर्ष से नीचे की तरफ सुखने लगती हैं। फलों पर रोग का आक्रमण उनके पकने की अवस्था में होता है। जब फल लाल होने लगते हैं उस समय उन पर छोटे काले और गोल आकार के धब्बे दिखाई पड़ते हैं। ये धब्बे फल की लंबाई में बढ़ते हैं। इन फलों को चीर कर देखा जाये तो इनके अन्दर फफूंदी जाल मिलता है। इस रोग के रोगाणु बीज, मृदा व रोगी पौधो के अवशेषों में जीवित रहते हैं।

रोकथाम के उपाय :-

- इस रोग के नियंत्रण हेतु मैन्कोजेब या जाईनेब दवा 2 ग्राम या कार्बेन्डाजिम दवा आधा ग्राम प्रति लीटर पानी में घोलकर 2 से 3 छिड़काव 15 दिन के अन्तराल पर करें।

5. जीवाणु धब्बा (*बेक्टीरियल लीफ स्पॉट*)

जैसा कि नाम से विदित है यह रोग *जेन्थोमोनास* नामक जीवाणु द्वारा उत्पन्न होता है, रोग के प्रकोप से पत्तियों पर छोटे–छोटे जलीय धब्बे बनते हैं जो कि पहले चिकने व बाद में गहरे भूरे से काले रंग के उठे हुए खुरदरे प्रतीत होते हैं। अन्त में रोग ग्रस्त पत्तियों के डठंल तथा तनों के मुलायम भागों पर भी पाये जा सकते हैं। हरे फलों पर भी जलीय धब्बे बनते हैं, ये थोड़े से धंसे रहते हैं।

रोकथाम के उपाय :-

- इस रोग के रोकथाम हेतु स्ट्रेप्टोसाइक्लिन 200 मिलीग्राम या कॉपर आक्सीक्लोराईड 3 ग्राम + स्ट्रेप्टोसाईक्लिन 100 मिलीग्राम दवा प्रति लीटर पानी के घोल का छिड़काव आवश्यकतानुसार 15 दिन के अन्तराल पर करें।

6. पर्णकुंचन व मोजेक (वायरस)

ये दोनों रोग विषाणुओं द्वारा उत्पन्न होते हैं। पर्ण कुंचन रोग (माथा बंधना) के प्रकोप से पत्ते सिकुड कर मुड़ जाते हैं, छोटे रह जाते हैं व झुर्रियां पड़ जाती हैं। मोजेक रोग के कारण पत्तियों पर गहरे एवं हल्के पीलापन लिए हुए धब्बे बन जाते हैं। इस रोग को फैलाने में कीट सहायक होते हैं।

रोकथाम के उपाय :-

- रोगग्रसित पौधों को उखाड़ कर नष्ट करें।
- रोग को आगे फैलने से रोकने हेतु डाइमिथोएट 30 ई सी दवा 1 मिलीलीटर प्रति लीटर पानी के हिसाब से छिड़काव करना चाहिये।
- नर्सरी तैयार करते समय बुवाई से पूर्व कार्बोफ्यूरॉन 3 जी दवा 8–10 ग्राम प्रति वर्ग मीटर के हिसाब से भूमि में मिलावें।
- पौध रोपण के समय स्वस्थ पौध काम में लेवें। पौध रोपण के 10 से 12 दिन बाद मिथाइल डिमेटॉन 25 ई सी दवा 1 मिलीलीटर प्रति लीटर पानी की दर से घोल बनाकर छिड़काव करें व आवश्यकतानुसार 20 दिन बाद दोहरायें। फूल आने के बाद उपरोक्त कीटनाशी दवा के स्थान पर मैलाथियॉन 50 ई सी. दवा 1 मिलीलीटर प्रति लीटर पानी के हिसाब से छिड़कें ।

- रोग रोधी किस्मों का चुनाव करें तथा स्वस्थ बीज से पौध तैयार करें।
- बुवाई से पहले बीज उपचार करें।
- नर्सरी की भूमि का भी उपयुक्त उपचार करें तथा जल निकास की उचित व्यवस्था रखें।
- फसल चक्र अपनाएँ अर्थात् बार–बार एक ही खेत में मिर्च की खेती नहीं करें। गर्मियों में गहरी जुताई कर खेत खाली छोड़ें।
- पौधशाला में पौधों को 40 मेश सफेद नाइलोन जाली से ढ़क कर रखने से नर्सरी में कीड़ों का एवं विषाणुओं का प्रकोप होने से रोक सकते हैं।
- खेत में स्वस्थ पौधे उचित समय पर, जड़ उपचार के उपरान्त ही लगावें।
- जरूरत से ज्यादा सिंचाई, खाद–उरर्वक न देवें तथा अनावश्यक–अतिरिक्त हार्मोन का छिड़काव न करें। कीटों की निगरानी हेतु प्रकाश–पाश काम में लेवें।
- खेत की साफ–सफाई पर ध्यान रखें अर्थात खरपतवार नियंत्रण करें क्योंकि इन खरपतवारों पर रोग व कीट आसरा तो लेते ही हैं साथ–साथ खरपतवार फसल के साथ हवा, पानी, प्रकाश व भोजन के लिये प्रतिस्पर्धा भी करते हैं। फल छेदक से ग्रसित फलों को नष्ट करें।

16
प्याज

वैज्ञानिक नाम : ***एलियम सेपा*** कुल– **एमेरीलिडेसी**

प्याज एक महत्त्वपूर्ण नगदी मसाला व सब्जी फसल है। प्याज की गाँठ (कंद) तथा हरी पत्तियाँ सलाद के रूप में खाने और सब्जी बनाने के काम में ली जाती हैं, परन्तु कंदों का मुख्य उपयोग मसाले के रूप में किया जाता है। मसाले के रूप में यह सब्जियों तथा चटनी, केचअप, सूप इत्यादि को स्वादिष्ट व सुवासित बनाने के काम आता है। प्याज का आचार भी बनाया जाता है, इसमें कार्बोहाइड्रेट व लवणीय पदार्थ तथा विटामिन 'सी' प्रचुर मात्रा में पाया जाता है। प्याज में औषधिय गुण भी होते हैं, इसलिए दवा के रूप में भी उपयोग होता है। 'लू' लगने पर प्याज कंदों को खाना या इसके रस को पीना बहुत फायदेमंद होता है। इसके अलावा यह मूत्रवर्द्धक है तथा फोड़ों पर भी इसको पीसकर लेप लगाना लाभदायक होता है। दिल के दौरे पड़ने या बेहोशी की हालात में प्याज सुंघाना, जहरीले जीव–जन्तुओं के काटने पर प्याज का लेप करना तथा गले के दर्द में प्याज का उपयोग अच्छा होता है। प्याज व इसका पाउडर विदेशों में निर्यात भी किया जाता है। इस फसल के प्रमुख रोगों का विवरण यहाँ प्रस्तुत किया गया है, जो कि निम्न प्रकार हैं –

1. तुलासिता (*डाऊनी मिल्ड्यू*)

इस रोग को मृदुरोमिल आसिता के नाम से भी जाना जाता है, यह रोग *पैरानोस्पोरा डेस्ट्रक्टर* नामक कवक से होता है तथा कंद एवं बीज जनित है। पौधों में दो प्रकार के संक्रमण होते हैं। पहले प्रकार के संक्रमण में पूरा पौधा विकृत एवं पीला पड़ जाता है, उसकी वृद्धि रूक जाती है तथा अगर वातावरण में पर्याप्त नमी रहे तो पौधे पर कवक की बैंगनी रंग की वृद्धि भी देखी जा सकती है। रोगी पौधे कंद नहीं बना पाते हैं और अगर बन भी जाते हैं तो आकार में छोटे होते हैं व इनकी भंडारण अवधि कम होती हैं, इस तरह का संक्रमण सर्वांगी संक्रमण कहलाता है। दूसरे प्रकार के संक्रमण में पत्तियों पर शुरूआत में अंडाकार या आयताकार पीले रंग के धब्बे बनते हैं। समय के साथ इनकी संख्या व आकार बढ़ता है तथा पत्तियों के शीर्ष भाग मुरझाकर

सूखने लगते हैं। संक्रमित पौधे कमजोर रह जाते हैं तथा कंद का विकास रूक जाता है। रोगी पौधे से प्राप्त कंद आकार में छोटे होते हैं तथा भंडारण में प्याज के मरने की संभावना बनी रहती है। इस तरह का संक्रमण स्थानीय या असर्वांगी संक्रमण कहलाता है।

बीजवृंत (वह डंडी जिस पर फूल व बीज लगते हैं) पर संक्रमण होने से उनकी वृद्धि रूक जाती है तथा संक्रमित स्थान के कमजोर होने से बीजवृंत टूट जाते हैं या फिर इस पर बनने वाले बीज कमजोर व सिकुड़े हुए होते हैं। अपेक्षाकृत आर्द्र एवं ठण्डे वातावरण में यह रोग अधिक होता है, ऐसी परिस्थितियों के लिए बरसात आवश्यक नहीं है, अपितु, यह स्थिति ओस के गिरने मात्र से ही पैदा हो जाती है। वे किस्में जिनकी पत्तियाँ गोल होती है उन पर यह रोग ज्यादा लगता है।

रोकथाम के उपाय :-

- रोग कारक कवक बीज व कंद-बीज पर रहता है इसलिए रोगी पौधों से प्राप्त बीज व कंद बुवाई के लिए काम में न लेवें।
- उन्नत व रोग प्रतिरोधी प्याज की किस्मों की बुवाई करें।
- खेत में जल-निकास का उचित प्रबन्ध होना चाहिये, यदि बीज हेतु प्याज की फसल अर्द्धशुष्क क्षेत्रों में उगाई जाए, तो रोग कम लगता है।
- फसल चक्र अपनाये एवं खेत में खरपतवार पनपने नहीं देवें।
- रोग के दिखाई देते ही मैन्कोजेब या रिडोमिल एम जेड 2 ग्राम दवा एक लीटर पानी में मिलाकर फसल पर छिड़कें तथा आवश्यकतानुसार 10-15 दिन में छिड़काव दोहरावें। चूंकि प्याज की पत्तियाँ खड़ी होती हैं इसलिए दवा का चिपकाव सही ढ़ग से करने के लिए पानी में थोड़ा साबुन, शेम्पो या टी-पॉल मिलावें।

2. जामुनी घब्बा (*परपल ब्लोच*)

इस रोग को बैंगनी धब्बा के नाम से भी जाना जाता है, यह रोग *अल्टरनेरिया पौराई* नामक कवक से उत्पन्न होता है जो कंद एवं मृदा जनित है, एक बार जब यह रोग खेत में आ जाता है तो आगे से आगे इसका फैलाव हवा के माध्यम द्वारा होता है। यह रोग प्याज की पत्तियों तथा बीजवृंत पर लगता है। रोग ग्रस्त भाग पर छोटे, सफेद, धंसे हुए धब्बे बनते हैं। ये धब्बे बाद में बीच से बैंगनी रंग के नजर आते हैं। धीरे-धीरे ये धब्बे आकार व संख्या में बढ़ते हैं। इन धब्बों के चारों ओर पीला क्षेत्र दिखाई देता है। बाद में इन धब्बों पर कवक के बीजाणु बनने से ये काले रंग के नजर आते हैं। बहुत

सारे धब्बे बनने से पत्तियाँ व तना टूट कर गिर जाते हैं, कंदों का विकास रूक जाता है तथा कंद छोटे रह जाते हैं फूल वाली डंडियों पर ज्यादा धब्बे बनने से वे टूट कर गिर जाती है इससे बीज उत्पादन में भारी कमी हो जाती है। रोग के कारण कंदों में सड़न या गलन भी देखा जा सकता है। रोग वृद्धि के लिए तापमान 22 डिग्री सेंटीग्रेड एवं 90 प्रतिशत आपेक्षिक आर्द्रता अनुकूल होती है।

रोकथाम के उपाय :–

- रोग प्रतिरोधी किस्मों की बुवाई करें।
- फसल चक्र अपनाना चाहिये।
- कंदों की उचित दूरी पर बुवाई करें।
- भूमि में नत्रजन की कमी से भी यह रोग ज्यादा होता है इसलिए मिट्टी जाँच करवा कर संतुलित मात्रा में उर्वरक देवें। पोटाशिक उर्वरक अवश्य काम में लावें। इससे पौधों में रोग प्रतिरोधकता पैदा होती है।
- फसल पर कीड़ों का प्रकोप हो तो यह रोग तीव्र गति से फैलता है इसलिए कीड़ों का नियंत्रण रखें।
- रोग के लक्षण दिखाई देते ही मैन्कोजेब या जाइनेब 2 ग्राम दवा एक लीटर पानी में मिलाकर छिड़काव करें तथा 10–15 दिन बाद छिड़काव दोहरावें।
- रोगी पौधों के मलबों, विशेषकर पत्तियाँ इत्यादि खेत से बाहर इकट्ठा करके नष्ट कर देवें।
- तेज गर्मियों के महिनों में खेत की गहरी जुताई करके खुला छोड़ दें।

3. अंगमारी (ब्लाईट)

इस रोग को झुलसा के नाम से भी जाना जाता है। यह रोग *स्टेम्फाइलियम वेसिकारियम* नामक कवक से उत्पन्न होता है। इस रोग के मुख्य लक्षण पत्तियों पर नजर आते हैं। शुरू में पत्तियों पर छोटी–छोटी जलसिक्त धारियाँ बनती है। इनका रंग शुरू में पीला–भूरा होता है। रोग के बढ़ने पर ये धारियाँ बड़ी होकर अण्डाकार व आपस में एक दूसरे से मिली नजर आती हैं। बाद में इन बड़े–बड़े धब्बों का रंग भूरा–काला हो जाता है और पत्ती का अधिकांश भाग झुलस जाता है तथा पत्ती नष्ट हो जाती है। ऐसे ही धब्बे बीजवृंत पर भी बनते हैं। कंदों का विकास रूक जाता है तथा ये आकार में छोटे रह जाते हैं, बीजवृंत (फूल लगने वाली डंडी) पर इन धब्बों के बनने से बीजवृंत टूट कर गिर जाता है तथा बीज उत्पादन में भारी कमी हो जाती है। गर्म व आर्द्र मौसम, रोग की वृद्धि के लिए अनुकूल पाया गया है।

रोकथाम के उपाय :–

- रोग सहनशील किस्मों की बुवाई करें।
- फसल चक्र अपनाएं व तेज गर्मियों के महिनो में खेत की गहरी जुताई करें।
- रोगी पौधों का अवशेष विशेषकर पत्तियाँ व टूटे हुए बीजवृंत खेत से बाहर इकट्ठा करके नष्ट कर देवें।
- रोग के लक्षण दिखाई देते ही नीम या धतूरे की ताजा पत्तियों से बनाये घोल (20 प्रतिशत) का छिड़काव करें व आवश्यकतानुसार 10 दिन बाद दोहरायें।
- रासायनिक नियंत्रण के लिए रोग के दिखाई देते ही मैन्कोजेब 2 ग्राम दवा या हेक्जाकोनाजोल एक मिलीलीटर दवा को एक लीटर पानी में मिलाकर छिड़काव करें तथा 10–15 दिन बाद इसी दवा का छिड़काव पुन: करें।

4. गुलाबी जड़ सड़न (पिंक रोट)

यह रोग *फोमा टेरेस्ट्रिस* नामक कवक से उत्पन्न होता है जो कि मृदा जनित है। यह एक अन्य कवक *फ्यूजेरियम सोलेनाई* से भी उत्पन्न हो सकता है। इसका संक्रमण साधारणत: नए पौधों में होता है, किन्तु फसल की किसी भी अवस्था में यह रोग लग सकता है। कवक का संक्रमण पौधों की जड़ों से होता है। फलस्वरूप ये जड़ें गुलाबी रंग की हो जाती है तथा सिकुड़ कर अंत में सूख जाती है। रोगी पौधे में जब तक ओज रहता है वह नई–नई जड़ें बनाता रहता है तथा कवक इन्हें संक्रमित करती जाती है, ऐसा भी देखा गया है कि पौधा अपने सम्पूर्ण जीवनकाल तक कवक से संघर्ष करता रहता है ऐसी स्थिति में पौधे की मृत्यु नहीं होती है, पर उसकी सारी ताकत (ओज) नई जड़ें बनाने में लगती रहती है। जड़ों के सूखने से तथा कमजोर रहने से पोषक तत्त्वों का अवशोषण भी प्रभावित होता है। फलस्वरूप कंद आकार में छोटे रह जाते हैं। जिसके कारण कंद उत्पादन में भारी कमी आ जाती है।

रोकथाम के उपाय :–

- लम्बे समय का फसल चक्र अपनायें।
- उन्नत व रोग प्रतिरोधी किस्मों का चयन करें।
- तेज गर्मियों के महिनों में खेत की गहरी जुताई करें।
- रोग के रासायनिक नियंत्रण हेतु कार्बेन्डजिम एक ग्राम प्रति किलो बीज की दर से बीजोपचार कर बुवाई करें। पौध रोपण के समय पौधों को इसी दवा के एक ग्राम प्रतिलीटर पानी के घोल में डुबोकर रोपाई करने पर ज्यादा लाभदायक रहता हैं।

17
लहसुन

वैज्ञानिक नाम : ***एलियम सेटाइवा*** कुल– **एमेरीलिडेसी**

लहसुन एक महत्त्वपूर्ण नगदी मसाला फसल है जो प्राय सर्दियों में उगाई जाती है। इसका उपयोग अचार, चटनी व मसाले के रूप में किया जाता है। लहसुन में विटामिन ए, बी, सी, फॉस्फोरस तथा कुछ अन्य पौष्टिक तत्व पाये जाते हैं जो हमारे शरीर के विकास में तथा हमें स्वस्थ रखने में मदद करते हैं। इसमें औषधिय गुण भी होते हैं अत: पेट व आंतों की पुरानी बीमारियों, आँख–कान के दर्द आदि को दूर करने तथा अन्य दवाओं के रूप में उपयोग किया जाता है। लहसुन में पाया जाने वाला 'एल्लीसिन' मनुष्य के खून में जमा कोलेस्ट्रोल को कम करने की क्षमता रखता है। लहसुन व इसके पाउडर के निर्यात से हमें विदेशी मुद्रा प्राप्त होती है। इस फसल के प्रमुख रोगों का विवरण यहाँ प्रस्तुत किया गया है, जो कि निम्न प्रकार हैं –

1. तुलासिता (*डाऊनी मिल्डयू*)

यह रोग *पेरेनोस्पोरा डेस्ट्रक्टर* नामक कवक से होता है तथा कुलि (पत्ती या गुरी) व बीज जनित है। प्याज की तरह इस पर भी दो तरह का सर्वांगी व असर्वांगी संक्रमण होता है। बीमारी के लक्षण प्याज के तुलासिता रोग जैसे ही होते हैं, रोगग्रसित लहसुन भंडारण में मरने लगता है तथा काफी नुकसान हो जाता है।

रोकथाम के उपाय :–

- रोग की कवक बीज व कुलि पर रहती है इसलिये रोगी पौधे से प्राप्त बीज व कुलि बुवाई के लिये काम में न लेवें।
- उन्नत व रोग प्रतिरोधी किस्मों की बुवाई करें। जैसे लाडवा, मलेवा, जी. 1, जी. 41, जी. 50
- खेत में जल–निकास का उत्तम प्रबंध होना आवश्यक है अत: बीज हेतु लहसुन की फसल अर्द्धशुष्क क्षेत्रों में उगाई जाए, तो रोग कम लगता है।
- फसल चक्र अपनायें एवं खेत में खरपतवार नहीं पनपने देवें।

- रोग के दिखाई देते ही मेन्कोजेब या रिडोमिल एम–जेड 2 ग्राम दवा एक लीटर पानी में मिलाकर फसल पर छिड़कें तथा आवश्यकतानुसार 14–15 दिन में छिड़काव दोहरायें। चूंकि लहसुन की पत्तियाँ खड़ी होती हैं इसलिए दवा का चिपकाव सही ढंग से करने के लिए पानी में थोड़ा साबुन या टी–पॉल मिलावें।

2. जामुनी धब्बा (*पर्पल ब्लोच*) रोग

इस रोग को बैंगनी धब्बा के नाम से भी जाना जाता है। यह रोग *अल्टर्नेरिया पोराई, अल्टेर्नेरिया ऐलाई* व *अल्टर्नेरिया अल्टर्नाटा* नामक कवकों से उत्पन्न होता है तथा कुलि व मृदा जनित है। एक बार जब यह रोग खेत में आ जाता है तो आगे से आगे इसका फैलाव हवा के द्वारा होता है।

यह रोग लहसुन की पत्तियों तथा बीजवृंत पर लगता है। रोगग्रस्त भाग पर छोटे, सफेद, धंसे हुए धब्बे बनते हैं। ये धब्बे बाद में बीच में बैंगनी रंग के हो जाते हैं। धीरे–धीरे ये धब्बे आकार व संख्या में बढ़ते हैं, इन धब्बों के चारों तरफ पीला क्षेत्र दिखाई देता है। बाद में इन धब्बों पर कवक के बीज बनने से ये काले रंग के नजर आते हैं। बहुत सारे धब्बे बनने से पत्तियाँ व तना टूट कर गिर जाते हैं। गांठों का विकास रूक जाता है तथा गांठें छोटी रह जाती है, फूल वाली डंडियों पर ज्यादा धब्बे बनने से वे टूट जाती हैं इससे बीज उत्पादन बुरी तरह प्रभावित होता है, रोग के कारण, गांठों में सड़न या गलन भी हो सकती है। रोग वृद्धि के लिए तापमान 22 डिग्री सेंटीग्रेड एवं 90 प्रतिशत आपेक्षक आर्द्रता अनुकूल होती है।

रोकथाम के उपाय :–

- रोग रोधी किस्मों की बुवाई करें व फसल चक्र अपनाना चाहिये।
- भूमि में नत्रजन की कमी से भी यह रोग ज्यादा होता है इसलिए मिट्टी जाँच करवाकर संतुलित मात्रा में उवर्रक देवें। पोटाशिक उवर्रक अवश्य काम में लावें।
- फसल पर कीड़ों का प्रकोप हो तो यह रोग तीव्र गति से फैलता है इसलिए कीड़ों का नियंत्रण करें।
- रोग के दिखाई देते ही मैन्कोजेब या जाइनेब 2 ग्राम दवा एक लीटर पानी में मिलाकर छिड़काव करें तथा 10–15 दिन बाद छिड़काव दोहरावें।
- रोगी पौधों के अवशेषों विशेषकर पत्तियाँ इत्यादि खेत से बाहर एकत्रित करके नष्ट कर देवें।
- तेज गर्मियों के महिनों में खेत की गहरी जुताई करके खुला छोड़ें।

3. अंगमारी (*ब्लाईट*)

इस रोग को झुलसा के नाम से भी जाना जाता है। यह रोग *स्टेम्फाईलियम वेसिकारियम* नामक कवक से उत्पन्न होता है। इस रोग के मुख्य लक्षण पत्तियों पर नजर आते हैं। शुरू में पत्तियों पर छोटी–छोटी जलसिक्त धारियाँ बनती हैं। इनका रंग शुरू में पीला–भूरा होता है। रोग के बढ़ने पर ये धारियाँ बड़ी होकर अण्डाकार व आपस में एक दूसरे से मिली नजर आती हैं। बाद में इन बडे–बड़े धब्बों का रंग भूरा–काला हो जाता है, और पत्ती का अधिकांश भाग झुलस जाता है, जिससे पत्ती नष्ट हो जाती है, ऐसे ही धब्बे बीजवृंत पर भी बनते हैं, गांठों का विकास रूक जाता है तथा गांठें छोटी रह जाती हैं। बीजवृंत (फूल पाली डंडी) पर इन धब्बों के बनने से बीजवृंत टूट कर गिर जाता है तथा बीज उत्पादन कम हो जाता है। गर्म व आर्द्र मौसम रोग की वृद्धि के लिए अनुकूल होता है।

रोकथाम के उपाय :–

- रोग के सहनशील किस्मों की बुवाई करें व फसल चक्र अपनायें व तेज गर्मियों के महिनों में खेत की जुताई कर खुला छोड़ें।
- रोगी पौधों के अवशेषों विशेषकर पत्तियाँ व टूटे हुए बीजवृंत खेत से बाहर एकत्रित करके नष्ट कर देवें।
- रोग के दिखाई देने पर नीम या धतूरे की पत्तियों से बनाये घोल (20 प्रतिशत) का छिड़काव करें।
- रासायनिक नियंत्रण के लिए रोग के दिखाई देते ही मैन्कोजेब 2 ग्राम दवा या हेक्जाकोनाजोल 1 मिलीलीटर दवा एक लीटर पानी में मिलाकर छिड़काव करें तथा 10–15 दिन बाद छिड़काव दोहरावें।

4. गुलाबी जड़ गलन (*पिंक रोट*)

यह रोग फोमा *टेरेस्ट्रिस* नामक कवक द्वारा होता है। एक अन्य कवक *फ्यूजेरियम सोलेनाई* भी इस रोग उत्पन्न करती है। यह रोग मृदा जनित है। लक्षण व रोकथाम प्याज के गुलाबी जड़ गलन में बताए अनुसार है।

OOO

18
जीरा

वैज्ञानिक नाम : ***क्यूमिनम साइमिनम*** कुल– **एपिएसी**

जीरा राजस्थान व गुजरात में रबी के मौसम में ली जाने वाली आर्थिक दृष्टि से एक महत्त्वपूर्ण फसल है। यह फसल मौसम की अनुकूलता होने की वजह से पूरे देश में सिर्फ इन्हीं दो प्रान्तों में ज्यादा ली जाती है। इन प्रदेशों में जीरे की खेती लगभग पांच लाख हैक्टेयर भूमि में की जाती है। जिससे करीब 2 से 2.5 लाख टन जीरा उत्पन्न होता है। भारत कई देशों में जीरे का निर्यात करता है। इस फसल से एक हैक्टेयर में 10–12 क्विंटल तक जीरे के बीज का उत्पादन हो सकता है परन्तु इसकी खेती में कई प्रकार की कठिनाईयों का सामना किसानों को करना पड़ता है जिसकी वजह से इसकी उपज आधी ही रह जाती है। इन समस्याओं में सबसे प्रमुख तीन बिमारियों का होना है जो कभी–कभी तो इतनी उग्र हो जाती है कि जितना बीज बोया गया है उतना वापिस उत्पन्न ही नहीं होता है जिसके कारण कई क्षेत्रों में तो जीरे की खेती ही किसानों ने बन्द कर दी है। कई लोक गीत किसानों की इस व्यथा को वर्णित करते हैं। पिछले दो दशकों में विभिन्न कृषि अनुसंधान संस्थानों में हुये शोध से कुछ रोग किस्मों का विकास हुआ है व कई रोग प्रबंधन तकनीकियों से जीरे की पैदावार में आशातीत सफलता हासिल की गई है। इस फसल के प्रमुख रोगों का विवरण यहाँ प्रस्तुत किया गया है, जो कि निम्न प्रकार हैं–

1. झुलसा (*ब्लाईट*)

यह जीरे का एक प्रमुख रोग है जो *अल्टर्नेरिया ब्रुन्साई* नामक फफूंद से होता है यह रोग फसल की दो माह की अवस्था में यानि फूल आने के समय दिखाई देता है। इसकी शुरूआत छोटे–छोटे धब्बों के रूप में पत्तियों के किनारों से होती है। मौसम अनुकूलता यानि आर्द्र मौसम, बादलों से आच्छादित आकाश, 23–28 डिग्री सेन्टीग्रेड तापमान के समय यह रोग देखा जा सकता है। संक्रमण के पश्चात् यदि आर्द्रता लगातार बनी रहे या बूंदा–बांदी हो अथवा आकाश में बादल बने रहे तो रोग 2–3 दिन में उग्र हो जाता है। ऐसे समय में ये धब्बे बड़े होकर बैंगनी रंग के हो जाते हैं

और बाद में गहरे भूरे व काले रंग के पड़ जाते हैं। रोगग्रसित पौधों में बीज बिल्कुल भी नहीं लगते हैं जिनमें अकुंरण की क्षमता नहीं होती है।

रोकथाम के उपाय :-

- खेत में पिछले साल का कचरा नहीं छोड़ना चाहिये क्योंकि इस रोग की फफूंदी जीरे के कचरे पर जिन्दा रह जाती है। आस-पास के किसानों ने भी यदि पिछले साल जीरा लिया है तो उन्हें भी यही सलाह देनी चाहिये।
- फूल आने के समय, चाहे रोग के लक्षण दिखाई दे अथवा नहीं, परन्तु छिड़काव तो मैन्कोजेब (0.2 प्रतिशत) या किटाजिन (1 मिली. एक लीटर पानी) नामक फफूंद नाशक का कर ही देना चाहिये। यदि मौसम बादलों वाला हो तो एक और छिड़काव दस से पन्द्रह दिन के अन्तराल पर कर देना चाहिये। इसके लिये किसानों को जीरे के बोये गये क्षेत्र के अनुसार बुवाई के बाद ही दवाई खरीद कर रख लेनी चाहिये। यदि खेत में छाछ्या रोग का प्रकोप भी होता है तो छिड़काव के साथ डिनोकेप नामक दवा मिला देनी चाहिये ताकि अलग से छिड़काव की मेहनत से बचा जा सके।

2. छाछ्या (*पाऊडरी मिल्डयू*)

यह रोगी *इरीसाइफी पोलीगोनाई* नामक फफूंद से होता है। इस बीमारी को अधिकतर फूल आने से बीज बनने के दौरान उग्र अवस्था में देखा जा सकता है। इस रोग की शुरूआत छोटे-छोटे सफेद धब्बों के रूप में निचली पत्तियों से होती है। जो धीरे धीरे आपस में मिलकर पत्तियों की पूरी सतह पर छा जाती है। जिससे ऊपर की नई पत्तियाँ भी रोगग्रस्त हो जाती है। धीरे-धीरे यह रोग तने, फूल और बीजों पर भी फैल जाता है। गर्म लेकिन नमी वाले मौसम में यह रोग तेजी से फैलता है। कई बार तो ऐसा लगता है जैसे पूरे खेत में आटा बिखेर दिया है। मौसम के शुष्क होते ही इस रोग का असर और फैलाव ज्यादा हो जाता है।

रोकथाम के उपाय :-

- पौधों में इस रोग के लक्षण दिखते ही 25 कि.ग्रा. गन्धक के चूर्ण का प्रति हैक्टेयर की दर से भुरकाव करना चाहिये। यदि मौसम बीमारी के अनुकूल बना रहे तो 15 दिन के बाद गन्धक का एक और भुरकाव 12-13 किग्र. प्रति हैक्टर के हिसाब से करना चाहिये।
- इस रोग को डिनोकेप नामक फफूंद नाशक दवा के 0.1 प्रतिशत घोल के छिड़काव से भी रोका जा सकता है। इसके लिये प्रति हैक्टेयर 300-350 लीटर छिड़काव काफी है। यह दवा हमारे क्षेत्र में काफी प्रभावशाली सिद्ध हुई।

3. उखटा (*विल्ट*)

जीरे की फसल को उखटा रोग से काफी नुकसान होता है यह रोग *फ्यूजेरियम क्यूमिनाई* नामक भूमि में रहने वाली फफूंद से होता है। यह फफूंद जमीन में दस साल से ज्यादा जिंदा रहती है व 60° सेन्टीग्रेड तक का तापमान भी सहन कर लेती है। इस रोग को वैसे तो फसल की किसी भी अवस्था में देखा जा सकता है परन्तु 25–30 दिन की अवस्था के बाद यह रोग उग्र मात्रा में फसल पर दिखाई देता है। रोगग्रस्त पौधे पीले पड़ कर ऊपर से मुरझा जाते हैं, धीरे–धीरे पौधा पूरा सूख जाता है। ऐसे पौधों में बिल्कुल भी बीज नहीं बनते हैं। इन्हें आसानी से उखाड़ा जा सकता है क्योंकि इनकी जड़ों का विकास रूक चुका होता है।

रोकथाम के उपाय :–

- खड़ी फसल में इस रोग का उपचार संभव नहीं है। लेकिन पूरी तरह से मुरझाए पौधों की जड़ें अगर जमीन में ही सड़ जाती है तो इस रोग की फफूंद खेत में और ज्यादा फैल जाती है इसलिए मुरझाए हुये पौधों को उखाड़ कर जला देना चाहिये।
- जिस खेत में जीरा लिंया हो उसमें अगले वर्ष पुनः जीरा नहीं लेकर सरसों की फसल लेनी चाहिये। जब सरसों की फसल कट जाए तो उसका कचरा फलकटी समेत आधा टन सरसों की खली के साथ खेत में बिखेर कर तवी वाले हल चलाकर भूमि में दबा देना चाहिये। उसके पश्चात एक पानी तेज गर्मी (मई–जून) के समय फव्वारा या नाली पद्धति से देना चाहिये। सरसों के कचरे के तेज गर्मी के साथ सड़ने से कुछ फफूंद नाशक गैसों की उत्पत्ति होती है जो उखटा रोग की फफूंद को जमीन में ही खत्म कर देती है।
- इस खेत में खरीफ के मौसम में बाजरा की फसल लेनी चाहिये। इससे भी जीरे की फफूंद पर प्रतिकूल असर पड़ता है। रबी में इस खेत में जीरा बोने से पहले एक किलो मित्र फफूंद *ट्राईकोडर्मा हारजेनियम* (मरु सेना 1) या *एस्पर्जीलस वर्सीकोलर* (मरु सेना 2) को 50 किलो मिंगनी की खाद में मिला कर जुताई से पहले बिखेर देना चाहिये।
- स्वस्थ पौधों के बीज या GC-4, RZ-19, आदि किस्में खेत में लगानी चाहिये।

OOO

19
धनियाँ

वैज्ञानिक नाम : ***कॉरिएन्ड्रम सेटाइवम*** कुल– **एविएसी**

विभिन्न प्रकार के बीजीय मसालों की फसलों में धनिये का प्रमुख स्थान है। इसके हरे पत्ते तथा मुलायम तना चटनी बनाने तथा साग–सब्जी, सूप, सलाद, माँस एवं मछली आदि को स्वादिष्ट एवं आकर्षक बनाने के लिए उपयोग किया जाता है। धनिये को साबूत अथवा पीसकर विभिन्न खाद्य पदार्थों को सुगन्धित एवं ज़ायकेदार बनाने के लिए काम में लाया जाता है। इसके दानों में पाये जाने वाले तेल को सुगन्ध उद्योग में प्रयुक्त किया जाता है। धनिये की पत्तियों में शर्करा, प्रोटीन एवं विटामिन 'ए' पाया जाता है। धनिये के बीज का प्रयोग आयुर्वेदिक औषधियों के निर्माण में होता है। इसके वाष्पशील तेल को कई दवाओं की दुर्गन्ध को कम करने के लिए काम में लिया जाता है। शुभ कार्यों में गुड़–धनियाँ खिलाने का भी हमारे देश में प्रचलन है। धनियाँ साबुत व पाऊडर बनाकर निर्यात भी किया जाता है। इस फसल के प्रमुख रोगों का विवरण यहाँ प्रस्तुत किया गया है, जो कि निम्न प्रकार हैं–

1. उखठा (*विल्ट*)

इस रोग को म्लानि नाम से भी जाना जाता है, यह रोग *फ्यूजेरियम आक्सीस्पोरम कोरिएन्ड्राई* नामक फफूंद से उत्पन्न होता है जो कि मृदा जनित है। यह रोग पौधे की जड़ों में लगता है। रोग का संक्रमण पौधे की किसी भी अवस्था में हो सकता है। जड़ों का रंग भूरा हो जाता है। जड़ों के अन्दर उपस्थित नालियां जो पानी व खनिज लवण को पौधे के अन्य भागों तक पहुंचाने में काम आती है कवक जाल से बंद हो जाते हैं। ऐसी स्थिति होने पर पत्तियाँ, पीली पड़ जाती हैं तथा पौधा मुरझा कर सूख जाता है। अगर खेत में रोग का प्रकोप बहुत ही हल्का है तो रोगग्रसित पौधे की बढ़वार रुक जाती है तथा उस पर बीज नहीं बनते हैं व पौधे मरते नहीं हैं। अगर रोग पौधे की छोटी अवस्था पर ही तीव्र है तो पूरी की पूरी फसल चौपट हो सकती है। रोग का संक्रमण फूल या बीज बनने के समय होता है तो धनिये का बीज पतला, छोटा व

सिकुड़ा हुआ बनता है। यह रोग तब उग्र रूप धारण कर लेता है जब मृदा नमी 60-70 प्रतिशत व मृदा तापमान 24-28 डिग्री सेन्टीग्रेड होता है।

रोकथाम के उपाय :-

- गर्मी के मौसम में खेत की गहरी जुताई करें।
- स्वस्थ व रोग रहित फसल से प्राप्त बीजों की ही बुवाई करें।
- तीन वर्ष तक फसल चक्र अपनायें व प्रतिरोधी किस्मों की बुवाई करें।
- धनिये की अगेती बुवाई (नवम्बर के पहले-दूसरे सप्ताह) करें।
- बीजों को बुवाई से पूर्व कार्बेन्डाजिम (1.5 ग्राम) या थाइराम (1.5 ग्राम) प्रति किलो बीज की दर से उपचारित करें।

2. छाछ्या (*पाऊडरी मिल्डयू*)

इसे चूर्णिल आसिता या बुकनी रोग के नाम से भी जाना जाता है। यह रोग *ऐरीसाइफी पोलीगोनी* नामक फफूंद से उत्पन्न होता है। रोग के प्रारम्भिक लक्षण पत्तियों की सतह पर सफेद चूर्णिल धब्बों के रूप में दिखाई देते हैं। ये धब्बे बाद में टहनियों पर भी बनते हैं तथा धीरे-धीरे पूरा का पूरा पौधा सफेद चूर्ण से ढ़का नजर आता है। पत्तियों का हरापन नष्ट हो जाता है तथा ये भूरी होकर मुरझा जाती हैं। सामान्यतः यह रोग फूल आने की अवस्था में आता है। रोगग्रसित पौधों पर बीज नहीं या बहुत कम एवं छोटे आकार के बनते हैं अर्थात उत्पादन व गुणवत्ता दोनों प्रभावित होती है। शुष्क मौसम व दिन में तापमान अधिक रहे तो रोग की वृद्धि अधिक होती है।

रोकथाम के उपाय :-

- खेत से रोगग्रसित पौधों के मलबे को इक्ट्ठा कर जला देवें।
- गन्धक के चूर्ण का 20 से 25 किलोग्राम प्रति हैक्टेयर की दर से भुरकाव करें या घुलनशील गन्धक चूर्ण 2 ग्राम या कैराथेन एल सी 1 मिलीलीटर दवा प्रति लीटर पानी में घोल बनाकर छिड़काव करें। आवश्यकतानुसार 15 दिन के अन्तराल पर छिड़काव/भुरकाव दोहरावें।

3. झुलसा (ब्लाईट)

- यह रोग *कोलीटोट्राइकम ग्लीओस्पोरीओइडीज* नामक फफूंद से उत्पन्न होता हैं। इस रोग के प्रथम लक्षण पत्तियों पर भूरे रंग के धब्बों के रूप में दिखाई देते हैं। ये धब्बे संख्या व आकार में बढ़कर पूरी पत्ती को झुलसा देते हैं। इससे पूरा पौधा झुलस जाता है। वातावरण में अधिक नमी तथा कम तापमान होने पर यह रोग अधिक फैलता है।

रोकथाम के उपाय :-

- ट्राइडिमेफोन 1 ग्राम या मैन्कोजेब 2 ग्राम या साइक्लोब्यूटॉनिल 0.5 ग्राम प्रति लीटर पानी में मिलाकर छिड़काव करें। यह छिड़काव 10–15 दिन के अन्तराल पर आवश्यकतानुसार दोहरावें।

4. तना पिटिका रोग (*स्टेम गाल*)

इसे गठियां, तने की सूजन रोग आदि नामों से भी जाना जाता है। यह रोग *प्रोटोमाइसीस मैक्रोस्पोरस* नामक कवक द्वारा उत्पन्न होता है तथा मृदा व बीज जनित है। यह धनिये का बहुत ही हानिकारक रोग है। इस रोग के लक्षण पौधों के ऊपरी भाग पत्ती, तना, फूल तथा फल पर दिखाई देते हैं। फल पर जगह–जगह पर छोटी–छोटी सूजन व गांठें (जिन्हे पिटिकाएँ भी कहते है) बन जाती हैं, तना हरे रंग से पीले रंग में बदलने लगता है। शुरू में यह सूजन (गांठें) छोटी, मुलायम व चमकदार दिखाई पड़ती है पर बाद में बड़ी कठोर व खुरदरी हो जाती हैं। गांठों के कारण पौधे के संक्रमित भाग भद्दे नजर आते हैं। तने पर सूजन जमीन के निकट से शुरू होती है तथा धीरे–धीरे तने के ऊपरी भाग पर भी गांठें बन जाती है। संक्रमित पौधों की पत्तियाँ झड़ जाती है तथा ग्रसित तनों के शीर्ष मुड़ जाते हैं, पौधे की वृद्धि रुक जाती है। इस कवक का सर्वांगी संक्रमण होने पर पुष्पवृंत सूज जाते हैं तथा फल गांठ में बदल जाता है। जो सामान्य फल से कई गुना बड़ा दिखाई देता है, ऐसे फल न तो बीज न ही मसाले के उपयुक्त होते हैं। इस तरह उत्पादन व गुणवत्ता दोनों ही प्रभावित होते हैं। अधिक नमी व छाया इस रोग की तीव्रता को बढ़ाने में सहायक होते हैं।

रोकथाम के उपाय :-

- फसल चक्र अपनाना चाहिये।
- रोग प्रतिरोधी किस्मों की बुवाई करनी चाहिये। जैसे– ए.सी.आर. 1
- रोग रहित क्षेत्र से प्राप्त बीज की बुवाई करें।
- रोगग्रस्त पौधों के अवशेषों को जलाकर खेत की सफाई करनी चाहिये।
- धनिये को अक्टूबर के मध्य तक बो देने से पौधों में रोग बहुत कम लगता है।
- बीजों को कार्बेन्डाजिम (1.5 ग्राम) + थाईराम (1.5 ग्राम) प्रतिकिलो बीज की दर से बीजोपचार कर बुवाई करें।
- बीमारी के लक्षण दिखाई देने पर ट्राईडिमेफोन 1 ग्राम या साइक्लोब्यूटॉनिल 0.5 ग्राम प्रतिलीटर पानी के हिसाब से छिड़काव करें। यह छिड़काव 20 दिन के अन्तराल पर दोहरावें।

OOO

20
मेथी

वैज्ञानिक नाम : ***ट्राईगोनेला फॉएनम*** कुल– **फैबेसी**

मेथी का भारत में उगाये जाने वाले बीजीय मसालों में मुख्य स्थान है। इसकी खेती मुख्य रूप से इसके बीजों के लिये की जाती है। इसके बीज भोज्य पदार्थ को सरस व सुंगधित बनाने के काम आते हैं। मेथी के बीज कई मसाला मिश्रणों में भी मुख्य अवयव के रूप में प्रयुक्त होते हैं। अचार व सब्जियों को स्वादिष्ट बनाने में भी मेथी के बीजों का उपयोग होता है। मेथी हरी सब्जी व चारे के लिए भी उगाई जाती है। मेथी का परांठा, पकौड़े, मेथी–पापड़ की सब्जी बहुत ही लोकप्रिय भोजन है। इसकी हरी पत्तियों में प्रोटीन, विटामिन 'सी' तथा खनिज तत्व पाये जाते हैं। इसके अलावा विभिन्न घरेलू एवं आयुर्वेदिक दवाओं को बनाने में भी मेथी का प्रयोग किया जाता है। इसमें मूत्रवर्धक, शक्तिवर्धक, वायुनाशक, पोषक, कामोद्दीपक एवं शांतिदायक गुण पाये जाते हैं। मेथी के बीज का प्रयोग कई तरह के पाक बनाने में होता है जो वृद्धजनों की भूख बढ़ाने, पाचनतंत्र नियमित करने व जोड़ों के दर्द ठीक करने में काफी लाभदायक होते हैं। इसके बीज में डायोस्जेनिन नामक स्टेरायड पाया जाता है जो प्रजनन हार्मोन, गर्भ निरोधक व मधुमेह नियंत्रित करने वाली दवाओं के बनाने में काम आता है। इसका उपयोग पिज्जा व पेस्ट्री बनाने में भी किया जाता है। इस फसल के प्रमुख रोगों का विवरण यहाँ प्रस्तुत किया गया है, जो कि निम्न प्रकार हैं–

1. छाछ्या (*पाऊडरी मिल्डयू*)

इसे चूर्णिल आसिता रोग या बुकनी रोग के नाम से भी जाना जाता है। यह रोग *ऐरीसाईफी पोलीगोनी* व *लेवीइल्यूला टॉरीका* फफूंदों से उत्पन्न होता है। रोग के प्रारम्भिक लक्षण पत्तियों की ऊपरी व निचली सतह पर सफेद चूर्णिल धब्बों के रूप में दिखाई देते हैं। बाद में ये धब्बे पूरे पौधे पर फैल जाते हैं तथा पौधा सफेद चूर्ण से ढ़का नजर आता है। पत्तियों का हरापन नष्ट हो जाता है तथा पत्तियाँ सूखने लगती हैं। रोगग्रसित पौधों पर फलियाँ कम व छोटी बनती हैं। बीज हल्के व संख्या में कम बनते हैं।

रोकथाम के उपाय :-

- खेत में से रोगग्रसित पौधों के मलबे को इकट्ठा कर जला देवें।
- रोग से सहनशील किस्मों की ही बुवाई करें। जैसे- ए.एम. 1,आर.एम.टी. 1, आर.एम.टी. 143।
- मेथी की बुवाई अक्टूबर माह के अंतिम सप्ताह में कर दें।
- फसल पर गन्धक के चूर्ण का 20 से 25 किलोग्राम प्रति हैक्टेयर की दर से भुरकर करें या कैराथेन एल सी 1 मिलीलीटर दवा प्रति लीटर पानी का घोल बनाकर छिड़काव करें। आवश्यकतानुसार छिड़काव 10 से 15 दिन बाद दोहराना चाहिये।

2. तुलासिता (*डाऊनी मिल्ड्यू*)

इस रोग को मृदुरोमिल आसिता के नाम से भी जाना जाता है। यह रोग *पैरोनोस्पोरा ट्राइगोनेली* नामक फफूंद से होता है जो मृदा जनित है। रोग की प्रांरभिक अवस्था में पत्तियों की ऊपरी सतह पर पीले धब्बे दिखाई देते हैं व नीचे की सतह पर फफूंद की हल्के बैंगनी रंग की वृद्धि दिखाई देती है, जैसे-जैसे रोग बढ़ता है सारी पत्तियाँ पीली होकर झड़ने लगती हैं। रोगग्रस्त पौधे की बढ़वार रूक जाती है तथा रोग की उग्र अवस्था में पौधा सूख जाता है।

रोकथाम के उपाय :-

- रोगरोधी किस्मों की बुवाई करे व फसल चक्र अपनायें।
- रासायनिक नियंत्रण हेतु मैन्कोजेब 2 ग्राम प्रति लीटर पानी में मिलाकर छिड़काव करना चाहिए। आवश्यकता पड़ने पर इसे 15 दिन बाद दोहराना चाहिये।

21
सौंफ

वैज्ञानिक नाम : ***फॅनीक्यूलम वल्गेयर*** कुल– **एपिएसी**

मसालों के उत्पादन एवं उपयोग में भारत का विश्व में प्रथम स्थान है। प्रमुख उत्पादक राज्यों में राजस्थान एवं गुजरात का स्थान सबसे ऊपर है। मुख्य मसालों में सौंफ के अन्तर्गत क्षेत्रफल 39730 हेक्टर, उत्पादन 51038 टन एवं उत्पादकता 1285 किलाग्राम/हेक्टर है। जिसका निर्यात विभिन्न देशों को किया जाता है, इनमें विकसित देश जैसे– अमेरिका, जापान, कनाडा, आस्ट्रेलिया तथा यूरोप आदि प्रमुख है। राजस्थान में इसकी खेती सिरोही, टोंक, जोधपुर, भरतपुर, भीलावाड़ा, अजमेर, कोटा एवं पाली जिलों में की जाती है। इसका उपयोग औषधि के रूप में किया जाता है। इसके अलावा अचार, चटनी, मुरब्बा, शर्बत इत्यादि बनाने एवं पान आदि मुखवास के रूप में उपयोग किया जाता है। इस फसल के प्रमुख रोगों का विवरण यहाँ प्रस्तुत किया गया है, जो कि निम्न प्रकार हैं –

1. जड़ एवं तना गलन (रूट तथा स्टेम रोट)

यह रोग *राइजोक्टोनिया* एवं *फ्यूजेरियम* नामक फफूंद द्वारा मृदा से फैलते हैं। इस रोग के प्रकोप से तना नीचे से मुलायम हो जाता है व जड़ गल जाती है। जड़ों पर छोटे बड़े काले रंग के स्क्लेरोशिया दिखाई देते हैं। यह रोग मुख्यत: छोटे पौधों पर ज्यादा आक्रामक होता है।

रोकथाम के उपाय :–

- गर्मिया (मई–जून) में गहरी जुताई कर मृदा को तेज धूप में खुला छोड़ देना चाहिये।
- आवश्यकतानुसार फसल चक्र अपनाये।
- उचित सिंचाई करे अर्थात अधिक पानी खेतों में ठहरने ना दें।
- देशी खाद का प्रयोग करे तथा पौधों के मध्य उचित दूरी रखें।
- बीजों को कार्बेन्डाजिम नामक फफूंद नाशक दवा 2 ग्राम प्रति किलो की दर से उपचारित कर बुवाई करें।

2. छाछ्या (*पाउडरी मिल्डयू*)

यह रोग *इरीसाईफी* नामक फफूंद से फैलता है। रोग की प्रारंभिक अवस्था मे पौधों की पत्तियों एवं टहनियों पर सफेद चूर्ण दिखाई पड़ता है। जो उग्र अवस्था में पूरे पौधे को ढ़क देता है। प्रभावित भाग का रंग पहले राख की तरह होता है जो कि बाद में भूरे रंग में बदल जाता है। इसका प्रकोप फरवरी–मार्च में अधिक दिखाई देता है। रोगग्रसित पौधों पर बीज नहीं बनते हैं अथवा बहुत कम व छोटे आकार के बनते हैं। जिससे बीजों की विपणन गुणवत्ता कम हो जाती है।

रोकथाम के उपाय :–

- पौधों मे रोग के लक्षण दिखाई देते ही गन्धक के चूर्ण का 20 से 25 किलोग्राम प्रति हेक्टयर की दर से भुरकाव करे या कैराथेन एल.सी. एक मिली लीटर प्रतिलीटर पानी में घोलकर छिड़काव करें आवश्यकतानुसार छिड़काव को 15 दिन के अन्तराल पर पुनः दोहरावें।
- उचित फसल चक्र अपनायें, तथा रोग रोधक किस्मों को बुवाई के काम लेवें।

3. झुलसा (*ब्लाईट*)

यह रोग *अल्टर्नेरिया* नामक मृदा जनित फफूंद द्वारा फैलता है। यह रोग फसल की बुवाई के 60 से 80 दिन बाद नीचे की पत्तियों पर कोणिय धब्बों के रूप में दिखाई देता है जो धीरे–धीरे विकसित होकर बड़े हो जाते हैं रोग की तीव्र अवस्था में ऐसा लगता है जैसे पूरी फसल जल कर काली पड़ गई हो अर्थात फसल झुलसी दिखाई पड़ती है। झुलसा का असर पुष्प कलिकाओं व तना पत्तियों पर भी होता है जो काली भूरी पडकर अन्त में सूख जाती हैं।

रोकथाम के उपाय :–

- रोग की सम्भावना होने पर मेंकोजेब या डाइथेन जेड 78 फफूंद नाशकों की 2.5 से 3.0 ग्राम मात्रा को प्रतिलीटर पानी या 25–30 ग्राम दवा को प्रति टंकी मे घोलकर खड़ी फसल पर छिड़काव करें। यदि रोग उग्र अवस्था में हो तो 10–15 दिन बाद दुबारा छिड़काव करें।

4. गुदिया (*गमोसिस*)

- यह मृदा जनित कोलोटोट्राईकम सिपूली नामक फफूंद से फैलता है। इस रोग का आक्रमण मुख्य रूप से पुष्पक्रमों पर अधिक होता है। प्रभावित भागों से चिपचिपा गुंदिया पदार्थ निकलता है जिस वजह से पुष्पक्रम सिकुड़कर अंत में सूख जाते हैं।

रोकथाम के उपाय :-

- उचित फसल चक्र अपनायें व स्वस्थ बीजों को बुवाई के काम में लायें।
- जीवाणु नाशक दवा स्ट्रप्टोसाईक्लिन 2–2.5 मिलीग्राम को प्रति टंकी में घोलकर छिड़काव करें। इसे पुन: 3–4 बार आवश्यकतानुसार दुबारा छिड़काव करे।
- गर्मियों में खेत की गहरी जुताई कर खुला छोड़ दें, जिससे अधिक तापक्रम पर फफूंद के बीजाणु नष्ट हो जायेंगे।

22
ईसबगोल

वैज्ञानिक नाम : ***प्लान्टेगो ऑवाटा*** कुल– **प्लान्टेजीनेयी**

ईसबगोल राजस्थान और गुजरात में रबी के मौसम में ली जाने वाली आर्थिक दृष्टि से महत्त्वपूर्ण औषधिय फसल है। इसकी भूसी का उपयोग आयुर्वेदिक, यूनानी और ऐलोपैथिक चिकित्सा पद्धतियों में किया जाता है। इसके अलावा इसका उपयोग रंगाई, छपाई, आईसक्रीम, चटनी (सॉस), मुरब्बा (जेली), डबलरोटी, चॉकलेट, गोंद और सौन्दर्य प्रसाधन उद्योगों में किया जाता है। भूसी रहित बीज का उपयोग पशु व मुर्गी आहार के रूप में किया जाता है। इस फसल में लगने वाले विभिन्न रोग फसल की उत्पादकता व गुणवत्ता को घटा देते हैं, जो कि निम्न प्रकार हैं–

1. तुलासिता (*डाऊनी मिल्डयू*)

यह रोग बीज व मृदा जनित है तथा *पेरेनोस्पोरा अल्टा* या *पेरेनोस्पोरा प्लान्टेजिनिस* नामक कवक से उत्पन्न होता है। राजस्थान प्रदेश में *पेरेनोस्पोरा अल्टा* व गुजरात प्रदेश में *पेरेनोस्पोरा प्लान्टेजिनिस* कवक बहुतायत से देखा गया है।

फसल बुवाई के 50 से 60 दिन बाद इस रोग का प्रकोप दिखाई पड़ता है। पत्तियों पर पट्टीनुमा या धारीनुमा पीले रंग के क्षेत्र बनते हैं, जो कि बाद में पूरी पत्ती पर फैल जाते हैं। रोगग्रसित पत्तियों की निचली सतह पर कवक जाल दिखाई देता है। धीरे–धीरे ये पत्तियाँ मुड़–सिकुड़ कर काली पड़ जाती हैं। जब पौधे में संर्वागी संक्रमण होता है तो पौधा पूरा का पूरा झुलसने के पश्चात कली बनाये बिना ही सूखकर नष्ट हो जाते हैं। असर्वांगी संक्रमण (गौण संक्रमण) कोनिडियम (कवक के अलैंगिक बीज) द्वारा होता है। असर्वांगी संक्रमित पौधों पर बनने वाले कली, फूलों व बीजों की संख्या घट जाती है। रोगी पौधों की बालियों में विभिन्न प्रकार की विरूपता देखी जा सकती है। इसके अलावा बीजों पर भूसी का आवरण बहुत पतला या बिल्कुल नहीं बनता है तथा बीज आकार में छोटे, लाल या काले रंग के बनते हैं। इस तरह उत्पादन व बीज गुणवत्ता दोनों ही प्रभावित होते हैं।

रोग जनक कवक के लैंगिक बीजाणु रोगग्रस्त पौधों के मलबों (विशेषकर पत्तियाँ) पर एवं मृदा में पड़े रहते हैं और अगले मौसम में नये पौधों पर सर्वांगी संक्रमण करके रोग उत्पन्न करते हैं। इन प्रारम्भिक सर्वांगी संक्रमित पौधों पर बहुत सारे कोनिडियम बनते हैं जो कि हवा या सिंचाई के पानी के द्वारा स्वस्थ पौधों तक आसानी से पहुँच जाते हैं तथा खेत में रोग का प्रसार बढ़ता जाता है और असर्वांगी संक्रमित पौधों की संख्या में वृद्धि होती जाती है। यह रोग नम, ठण्डे व आर्द्र मौसम में अधिक तेजी से फैलता है।

रोकथाम के उपाय :–

- प्राथमिक संक्रमण रोगग्रस्त पौधों के अवशेषों द्वारा होता है। अतः रोगी पौधों के मलबे को खेत के बाहर एकत्र करके नष्ट कर देना चाहिए।
- गर्मियों में खेत की मिट्टी पलटने वाले हल से गहरी जुताई कर खुला छोड़ें। रोग जनक कवक का प्रसार रोकने के लिए फसल चक्र अपनायें एवं ईसबगोल की फसल को एक ही खेत में लगातार न लें। बुवाई नवम्बर माह के प्रथम सप्ताह में करने से रोग का प्रकोप घट जाता है।
- बीज बुवाई के लिए बीज का चयन रोग रहित खेतों से करना चाहिए। उन्नत रोगरोधी किस्मों (आर.आई. 89, आर.आई. 9808 व जी.आई. 2) के बीज बुवाई के काम में लावें। बीज की मात्रा 4 किलोग्राम प्रति हैक्टर क्षेत्र की दर से काम में लें क्योंकि सघन बीज मात्रा से रोग ज्यादा पनपता है।
- खेत में बुवाई से पहले 5 टन अच्छी सड़ी हुई गोबर की खाद मिलावें।
- बीज को बुवाई के पूर्व मेटालेक्सिल 35 डब्ल्यू. एस., 5 ग्राम प्रतिकिलो बीज की दर से उपचारित करें।
- रोग का प्रकोप कम करने के लिए ईसबगोल की बुवाई कतारों में करें, खरपतवार नियंत्रण (विशेषकर बथुआ) करें, नत्रजन 30 किलो प्रति हैक्टर से ज्यादा न देवें तथा सिंचाई आवश्यकता से ज्यादा नहीं करें और हो सके तो कतारे पूर्व से पश्चिम या पश्चिम से पूर्व दिशा में निकालें।
- रोग का प्रसार रोकने के लिए रोग के लक्षण दिखाई देते ही मेन्कोजेब कवकनाशी के 0.2 प्रतिशत घोल या मेटालेक्सिल 8 प्रतिशत, मेन्कोजेब 64 प्रतिशत के यौगिक कवकनाशी के 0.2 प्रतिशत घोल का 15 दिन के अंतर पर आवश्यकतानुसार छिड़काव करना चाहिए।

2. उखटा (विल्ट)

यह रोग *फ्यूजेरियम ऑक्सीस्पोरम* या *फ्यूजेरियम सोलेनाई* नामक कवकों से जड़ों पर उत्पन्न होता है। ईसबगोल के पौधे अपने विकास की सभी अवस्थाओं में इस रोग से संक्रमित हो सकते हैं। सर्वप्रथम बाहरी पत्तियाँ पीली पड़ने लगती हैं तथा मुरझाकर जमीन के धरातल पर समानानान्तर पड़ी हुई नजर आती हैं, धीरे धीरे सारी पत्तियाँ व पौधा सूखता हुआ नजर आता है। यदि रोग का आक्रमण कली बनने से पूर्व होता है तो कली बनने से पहले ही पौधा सूख कर नष्ट हो जाता है। यदि रोग का आक्रमण कली बनने के बाद होता है तो कली में बीज नहीं पनपता है। अगर बन भी जाता है तो वह आकार में छोटा, सिकुड़ा हुआ एवं भूसी रहित होता है। रोगग्रसित जड़ो को चीर कर देखें तो उनके वाहिनी ऊत्तकों में लंबी काली रंग की धारी दिखाई पड़ती है। इस रोग की शुरूआत पूरे खेत में एक समान रूप में नहीं होकर छोटे–छोटे टुकड़ों (पैचेस) में होती है। रोग का प्रभाव उन खेतों में अधिक देखा गया है, जहाँ हर वर्ष ईसबगोल की खेती की जाती है।

रोकथाम के उपाय :–

- गर्मियों में खेत को खाली छोड़ें व गहरी जुताई कर कवक की सुषुप्त बीजाणु अवस्था को नष्ट करें।
- कम से कम दो–तीन वर्ष का फसल चक्र अपनाएं।
- खेत की साफ–सफाई पर ध्यान देवें। रोगग्रसित पौधों को उखाड़कर इकट्ठा कर जला दें।
- स्वस्थ व रोग प्रतिरोधी किस्मों आर.आई. 89, आर.आई. 9808, जी.आई. 2 के बीज बुवाई के उपयोग में लावें। बीजों को कारबेन्डाजिम 50 डब्ल्यू. पी. से 2 ग्राम प्रति किलो बीज की दर से उपचारित कर बुवाई करें।
- खेत की मिट्टी को उपचारित करें, इसके लिए 2.5 किलोग्राम ट्राईकोडर्मा विरिडी (जैविक फफूंद), 50 किलोग्राम सड़ी हुई गोबर की खाद में मिलाकर, 10–15 दिन तक रखें तथा समय–समय पर पानी छिड़कते रहें, इसके बाद इसे एक हैक्टयर खेत में बुवाई के समय भूरके या कतारों में डालें। अगर खेत में गोबर की सड़ी हुई खाद नहीं मिलाई है तो 5 टन अच्छी सड़ी हुई खाद खेत की अंतिम जुताई के वक्त अवश्य मिलावें अन्यथा इस जैविक फफूंदनाशी का वांछित परिणाम हासिल नहीं हो पायेगा।

3. पत्ती धब्बा अंगमारी (*लीफ स्पॉट*)

यह रोग *अल्टरनेरिया अल्टरनाटा* नामक कवक से उत्पन्न होता है। प्रारम्भिक अवस्था में पत्तियों का ऊपरी किनारा पीला पड़ता है। बाद में रोगग्रसित पत्तियों पर भूरे रंग के धब्बे बनते हैं। अनुकूल मौसम (गर्म व आर्द्र) में ये धब्बे आपस में मिलने से पत्तियाँ झुलसी हुई दिखाई पड़ती है। प्रभावित पौधे कमजोर हो जाते हैं तथा उन पर कलियां संख्या में कम बनती हैं। रोगी पौधों की बालियों से प्राप्त बीज छोटा, सिकुड़ा, हुआ काले रंग व संख्या में कम प्राप्त होता है। इस प्रकार उपज व बीज गुणवत्ता दोनों में भारी गिरावट आ जाती है।

रोकथाम के उपाय :-

- रोग जनक कवक का प्रसार रोकने के लिए फसल चक्र अपनाएं एवं ईसबगोल की फसल को एक ही खेत में लगातार न लेवें। फसल की कटाई के पश्चात रोगी पौधों के अवशेषों को जलाकर नष्ट कर देवें।
- गर्मी में खेत की गहरी जुताई करें।
- बीज बुवाई के लिए बीज का चयन रोग रहित खेतों से करना चाहिए। रोग प्रतिरोधक क्षमता वाली किस्मों के बीज की बुवाई के काम में लावें। बीज को बुवाई के पूर्व कार्बेन्डेजिम 50 डब्ल्यू.पी. या कारबेन्डेजिम 15 प्रतिशत मेन्कोजेब 63 प्रतिशत का यौगिक से 2 ग्राम प्रति किलो बीज की दर से उपचारित करें।
- खड़ी फसल रोग के प्रसार को रोकने के लिए मेन्कोजेब कवकनाशी के 0.2 प्रतिशत घोल का छिड़काव रोग के लक्षण दिखाई देने पर करना चाहिए।

4. गूंदिया (*गमोसिस*)

यह रोग जड़ों को छोड़कर पौधे के सभी भागों पर हो सकता है। इस रोग के कारक का पता अभी तक नहीं लग पाया है। प्रमुख लक्षण के रूप में पौधों के प्रभावित भाग से चिपचिपा द्रव्य (शहद की बूंदों जैसा) निकलता है। ये छोटी-छोटी बूंदें आकार में समय गुजरने के साथ-साथ बड़ी व काली पड़ने लगती हैं। रोगग्रस्त पौधों की पत्तियाँ मुड़-सिकुड़ कर व मुरझाकर काली पड़ जाती हैं तथा पौधे सूखकर नष्ट हो जाते हैं। अगर रोग का प्रकोप कली बनने से पहले होता है तो प्रभावित पौधों पर कली नहीं बनती है। लेकिन अगर रोग का प्रकोप कली बनते वक्त या फूल आने पर होता है तो रोगग्रसित पौधों पर कलियाँ संख्या में कम बनती हैं तथा उनसे प्राप्त बीज आकार में छोटा, भूसी रहित व संख्या में कम होते हैं। इस प्रकार उत्पादन व गुणवत्ता दोनों प्रभावित हो जाते हैं।

रोकथाम के उपाय :–

- ईसबगोल की अगली बुवाई में इस रोग के आने की सम्भावना प्रबल होती है। इसलिए बुवाई के समय में परिवर्तन कर इस रोग का प्रकोप कम किया जा सकता है, इसके लिए नवम्बर माह के दूसरे–तीसरे सप्ताह में बुवाई करना उचित पाया गया है।
- रोग रोधी किस्मों के बीज को बुवाई के उपयोग में लावें।

23
बेर

वैज्ञानिक नाम : ***जिजिपस मोरिटियाना*** कुल–**रेम्नेसी**

उन्नत किस्मों और खेती के आधुनिक तरीकों के प्रयोग से बेर की खेती बहुत लाभप्रद हो गयी है परन्तु कीड़ों व बीमारियों के प्रकोप के कारण काफी नुकसान भी होता है। इसकी खेती बलुई मिट्टी को छोड़कर अन्य सभी प्रकार की मिट्टी में की जा सकती है। राजस्थान में इसकी खेती जोधपुर, पाली, जालोर, बीकानेर, बाड़मेर, जैसलमेर, जयपुर, सीकर, नागौर आदि जिलों में होती है। इस फसल के प्रमुख रोगों का विवरण यहां प्रस्तुत किया गया है। जो कि निम्न प्रकार हैं –

1. छाछ्या (*पाउडरी मिल्ड्यू*)

यह बेर का सबसे प्रमुख रोग है जो कि *ओडियम ईरिसाईफोडीस* प्रजाति *जिजिफाई* कवक द्वारा फैलता है। आजकल इसके प्रकोप से बेर की उपज कई स्थानों पर काफी कम हो गयी है। यह रोग नई पत्तियों की निचली सतह पर सफेद चूर्ण की तरह शुरू होता है जिससे पत्तियाँ सिकुड़ जाती है व बाद में गिर जाती है। फलों पर इसकी शुरूआत अक्टूबर–नवम्बर में होती है। जब फल पर छोटे–छोटे सफेद धब्बे दिखाई देते हैं। ये धब्बे धीरे–धीरे आकार में बड़े होने लगते हैं व दिसम्बर के लगभग भूरे या गहरे भूरे रंग के हो जाते हैं। रोगग्रसित फल समय से पूर्व ही जमीन पर गिर जाते हैं अथवा सख्त हो जाते हैं।

रोकथाम के उपाय :-

- नियंत्रण का सबसे प्रमुख उपाय रोग रोधी किस्मों को लगाना है। रोग के लक्षण दिखते ही कैराथेन ई.सी. (0.2 प्रतिशत) या कैलीक्सीन (0.1 प्रतिशत) का छिड़काव 15 दिनों के अन्तर पर करना चाहिये।

2. सूटी मोल्ड (*इसेरियोपसिस*)

यह रोग पंजाब व हरियाणा में ज्यादा है। राजस्थान में इसका प्रकोप अभी तक नहीं देखा गया है। इस रोग की शुरूआत पत्तियों की निचली सतह पर छोटे–छोटे

काले धब्बे के रूप में होती है। धीरे-धीरे ये धब्बे पत्तों की पूरी निचली सतह पर छा जाते हैं। ऊपरी सतह पर पत्ती पीली दिखाई देती है व जल्दी गिर जाती है।

रोकथाम के उपाय :-

- इस रोग के लक्षण दिखते ही ब्लाईटोक्स-50 या फाईटोलान 0.2 प्रतिशत का छिड़काव 15 दिन के अन्तर से करना चाहिए।

3. पत्ती गलन (*लीफ स्पोट*)

बेर की पत्तियों पर अलग-अलग समय कई प्रकार के धब्बे दिखाई देते हैं जिनसे पेड़ पर पत्तियों की मात्रा काफी कम हो जाती है।

(अ) आल्टर्नेरिया पर्ण दाग : ये धब्बे पत्तियों पर दिसम्बर-फरवरी के मध्य दिखाई देते हैं। इनकी शुरूआत छोटे-छोटे असमान गहरे भूरे रंग के धब्बो के रूप में होती है। अनुकूल परिस्थितियों में आपस में मिलकर पत्तियों के काफी भाग में छा जाते हैं। जिससे पत्तियाँ झुलस जाती है व समय से पहले गिर जाती है।

(ब) सर्कोस्पोरा पर्ण दाग : इनकी शुरूआत जनवरी-फरवरी में छोटे-छोटे गोल धब्बों के रूप में होती है, जो किनारों पर लाल होते हैं।

रोकथाम के उपाय :-

- रोग के लक्षण दिखते ही डायथेन जेड 78 (0.2 प्रतिशत) का छिड़काव 15-20 दिन के अन्तर से दो बार करना चाहिए।

4. फल गलन (*फ्रूट रोट*)

- बेर में फफूंद से कई प्रकार के फल गलन भी होते हैं जिनसे बाजार में बेर की कीमत कम हो जाती है। रोगग्रसित फलों पर छोटे, गहरे भूरे रंग के धब्बे उपरी हिस्से से दिखाई देते हैं। ये धब्बे फल पकने तक काफी बड़े हो जाते हैं।

रोकथाम के उपाय :-

- साधारणतया सभी प्रकार के फल गलन डायथेन-जेड-78, 0.2 प्रतिशत के एक या दो छिड़काव से रोके जा सकते हैं।

OOO

24
आँवला

वैज्ञानिक नाम : ***एम्बिलका ऑफ्फिसिनालिस*** कुल– **फाइलेन्थेसी**

आँवला भारत का एक प्राचीन उपयोगी फल है। इसके पेड़ काफी सहिष्णु होते हैं। इसकी खेती बलुई मिट्टी को छोड़कर अन्य सभी प्रकार की मिट्टी में की जा सकती है। राजस्थान में इसकी खेती जोधपुर, पाली, जालोर, बीकानेर, बाड़मेर, जैसलमेर, जयपुर, सीकर, नागौर आदि जिलों में होती है।

यह अनेक रोगों की एक औषधि मानी जाती है। इसके नियमित सेवन से सर्दी, जुकाम तथा दमे के रोगी को लाभ होता है। इससे बना च्यवनप्राश भी उत्तम होता है। मधुमेह, गठिया, आँखों की ज्योति का बढ़ना, हृदय रोग का उपचार, वातनाशक तथा पित्तनाशक तथा मुँह के छालों के लिए कई बीमारियों के उपचार में इसका उपयोग होता है। आँवले का फल विटामिन 'सी' का बहुत बड़ा स्रोत है। इस फसल के प्रमुख रोगों का विवरण यहाँ प्रस्तुत किया गया है, जो कि निम्न प्रकार हैं –

1. ऊत्तक क्षय (*टिश्यु नेक्रोसिस*)

यह रोग किसी कवक या जीवाणु द्वारा नहीं बल्कि *बोरोन* की कमी से उत्पन्न होता है। इस रोग में आँवले के फल का गूदा भीतर से काला हो जाता है। बाहर से देखने पर रोग के आक्रमण का बिल्कुल आभास नहीं हो पाता तथा फल सामान्य रूप से स्वस्थ दिखाई पड़ता है।

रोकथाम के उपाय :-

- 125 ग्राम सुहागा (बोरेक्स) प्रति वृक्ष की दर से खाद की तरह जमीन में प्रयोग करना चाहिए। इसके अतिरिक्त 6 ग्राम बोरेक्स (0.6 प्रतिशत) का पानी में घोल बनाकर कम से कम तीन छिड़काव अप्रेल में फिर जुलाई तथा तीसरा सितम्बर में करना चाहिए।
- राजबाग (फ्रांसिस) किस्म का बागवानी हेतु चुनाव करना चाहिए इस किस्म में ऊतक क्षय नाममात्र का पाया जाता है।

2. रतुआ (रस्ट)

यह रोग *रैवेनेलिया एम्लिकी* नामक फफूंद द्वारा होता है। इस रोग के आक्रमण होने पर पत्तियों पर गाढ़े भूरे रंग के उभरे हुए दाग पड़ जाते हैं। ऐसा प्रतीत होता है कि पत्तियों में जंग लग गया हो। रोग का प्रकोप बढ़ने पर वृक्ष की पत्तियाँ गिर जाती हैं। अधिक प्रकोप होने पर वृक्ष बिल्कुल नग्न हो जाता है। इस रोग के कारण फल भी प्रभावित होते हैं। प्रकोप बढ़ने पर फलों पर बादामी रंग के उभरे धब्बों की परत चकत्तों में जम जाती हैं, ये धब्बे बड़े–बड़े तथा खुरदरे होते हैं। जिससे फल कुरूप हो जाते हैं व फल पकने से पहले ही झड़ जाते हैं। जिससे बहुत हानि होती है। पौधशाला में लगे पौधों पर रतुआ रोग का प्रकोप होने पर पौधों की वृद्धि धीमी हो जाती है।

रोकथाम के उपाय :–

- रोग बचाव के लिए 2 ग्राम जिनेब या 75 प्रतिशत घुलनशील चूर्ण (डाईथेन जेड़–78) के 2 ग्राम दवा एक लीटर पानी में घोल कर छिड़काव करना चाहिए। इसके अतिरिक्त 3 ग्राम किसी ताम्रयुक्त रसायन या केप्टान या बोर्डेक्स मिक्सर के घोल से भी छिड़काव कर सकते हैं। ये सभी छिड़काव अगस्त से सितम्बर तक 10–15 दिन के अन्तराल पर 3–5 बार करना चाहिए।

3. फल सड़न (फ्रूट रोट)

इस रोग का आक्रमण *पेस्टोलिसिया कूचेटा* नामक फफूंद द्वारा फैलता है। इस बीमारी से ग्रसित फल अक्टूबर–नवम्बर मे पेड़ पर दिखाई देते हैं। फलों पर गहरे–भूरे रंग के धब्बे पड़ जाते हैं। ये धीरे–धीरे बढ़ने लगते हैं परिणामस्वरूप फल अन्दर से सड़ना शुरू हो जाते हैं। बाद में फल ज़मीन पर गिर जाते हैं।

रोकथाम के उपाय :–

- रोग के लक्षण दिखाई देते ही 2 ग्राम केप्टाफाल–80 प्रतिशत घूलनशील चूर्ण या फोल्टाफ एक लीटर पानी में 2 ग्राम दवा का घोल बनाकर छिड़काव करें। इसके अतिरिक्त 3 ग्राम कॉपर आक्सिक्लोराइड 50 प्रतिशत घूलनशील चूर्ण का एक लीटर पानी में घोल बनाकर छिड़काव करना चाहिए। दो छिड़काव के बीच में एक–एक महीने का अन्तराल रखें। इस तरह कुल तीन छिडकाव करना चाहिए।

4. नीली फफूंद (ब्यू मोल्ड)

- यह रोग *पेनिसिलियम आक्सेलिकम* तथा *एस्परजिलस नाइगर* फफूंदों के कारण होता है। इसका प्रकोप फलों पर उस समय होता है जब इन्हें तोड़कर बाजारों में

भेजते हैं। इस बीमारी के प्रभाव से पहले फलों पर जलाभित क्षत भूरे रंग के धब्बे बनते हैं। प्रभावित भाग बढ़ता है। तीव्र प्रकोप की स्थिति मे सुनहरे–पीले रंग के पिन के सिरे के आकार के समान क्षत बनते हैं। बाद में उन धब्बों पर नीले रंग या इसका अंश लिए हुए भूरे रंग की फफूंद लग जाती है। इनमें से कवक की पुरानी कोलोनी जेतून हरे रंग मे बदल जाती हैं तथा बाद में फल सिकुड़ जाता है।

रोकथाम के उपाय :–

- सड़े हुए फलो को स्वस्थ फलों से अलग कर देना चाहिए। तोड़ते समय फलों को किसी प्रकार की चोट या घाव होने से बचाना चाहिए।
- भण्डारण की उचित साफ–सफाई रखें।
- सुहागा (बोरेक्स) के हल्के घोल का छिड़काव करना चाहिए।

5. एन्थ्रकनोज

यह रोग *ग्रोमेरेला सिंगुलाटा* नामक फफूंद द्वारा होता है। फफूंद का उभार फल के ऊतक में धँसा रहता है। प्रारम्भ में पत्तियों पर छोटे–छोटे भूरे रंग के धब्बे बनते हैं। जिनकी परिधि पीले रंग की नजर आती है। इस धब्बों का मध्य भाग सिलेटी रंग का जिस पर गहरे रंग के उभार छोटे–छोटे दिखाई पड़ते हैं। ये धब्बे अलग–अलग आकार तथा माप के होते हैं। अधिक नमी में इन धब्बों से बीजाणु अधिक मात्रा में निकलते हैं। इससे ग्रसित फल बाद में सिकुड़ कर अन्त में सड़ जाते हैं।

रोकथाम के उपाय :–

- रोग के लक्षण दिखाई देते ही ब्लाईटोक्स 50 या केप्टान 3 ग्राम दवा को एक लीटर पानी में घोलकर छिड़काव करना चाहिए। इसके अतिरिक्त इण्डोफिल एम–45 दवा 3 ग्राम, 1 लीटर के हिसाब से छिड़काव करने से भी रोग पर काफी हद तक नियंत्रण पाया जा सकता है।

OOO

25
अनार

वैज्ञानिक नाम : ***प्यूनिका ग्रेटम*** कुल– **प्यूनिकेसी**

अनार का स्वाद तथा ताजगी की दृष्टि से फलों में अपना विशिष्ट स्थान है। इसका वानस्पतिक नाम *प्युनिकम ग्रेनेट्स* है तथा *प्युनिकेसी* कुल का सदस्य है। यह उष्ण कटिबंधीय फल वृक्ष है। भारत में अनार की बागवानी बहुत ही छोटे पैमाने पर की जाती है। इसे मुख्य रूप से गुजरात, राजस्थान, उत्तर प्रदेश, मध्य प्रदेश, महाराष्ट्र व तमिलनाडु राज्यों में उगाया जाता है। यह विभिन्न जलवायु तथा विषम परिस्थितियों में अपने आप को अनुकूलित कर लेता है। गर्म व सूखी जलवायु फलों के अच्छे विकास, पकने और गुणवत्ता के लिए उत्तम है। इसकी बागवानी महाराष्ट्र में अन्य राज्यों की अपेक्षा काफी बड़े पैमाने पर की जाती है। जबकि राजस्थान में यह पाली, जोधपुर, अजमेर, गंगानगर, जयपुर तथा जालोर जिलों में उगाया जाता है।

इसका उपयोग आयुर्वेदिक औषधियों एवं ताजा फल के रूप में किया जाता है। अनार का शर्बत मन को प्रसन्न करने वाला, प्यास, गर्मी, जलन और थकावट मिटाने वाला, पाचन रूचिवर्धक, स्वादिष्ट,शक्ति तथा स्फूर्तिदायक होता है। अनार विशेष रूप से हृदय रोगियों के लिए काफी अच्छा फल माना जाता है। इसके अलावा पाचन क्रिया के दौरान जो हानिकारक तत्त्व शरीर में रहते हैं, जो कि अनार के सेवन द्वारा नष्ट किये जा सकते हैं। इससे शरीर स्वस्थ तथा निरोग बना रहता है।इस फसल के प्रमुख रोगों का विवरण यहाँ किया गया है, जो कि निम्न प्रकार हैं –

1. फलों का फटना (*फ्रूट क्रेकिंग*)

फलों का फटना मिट्टी में नमी के अचानक उतार चढ़ाव के कारण होता है। जब नमी की कमी होती है, तब फल का छिलका कड़ा पड़ जाता है। बाद में अधिक पानी देने या अधिक वर्षा से फल के अन्दर का हिस्सा एकाएक फैलने लगता है, जिससे फल फटने लगते हैं।

रोकथाम के उपाय :–

- इससे बचने के लिए नियमित रूप से फसल काल में यदि हल्की सिंचाई की जाये तो काफी हद तक फलों का फटना रोका जा सकता है।

2. पत्ती तथा फल धब्बा (*लीफ स्पॉट*)

यह रोग *सरकोस्पोरा* तथा *गिलियोस्पोरीडीयम* नामक कवक प्रजातियों द्वारा उत्पन्न होता है। जिस वजह से अनार की पत्तियों तथा फलों पर रोग की प्रारम्भिक अवस्था में हल्के भूरे रंग के गोल–गोल चकते बनते हैं। जो रोग की उग्र दशा मे गहरे–भूरे रंग में परिवर्तित होकर पत्तियों तथा फलों को घेर लेते हैं। प्रभावित फल सड़ने लगते हैं।

रोकथाम के उपाय :–

- बगीचे में गर्मियों में गहरी जुताई करें।
- रोगग्रसित भागों को काट कर नष्ट करें।
- ताम्रयुक्त फफूंदनाशी केप्टान या मेन्कोजब 3 ग्राम दवा को प्रति लीटर पानी में घोलकर लक्षण दिखाई देते ही छिड़काव करें। आवश्यकता होने पर 10–15 दिन बाद पुनः दोहरावें।

3. जीवाणु पत्ती धब्बे (*बेक्टीरियल लीफ स्पोट*)

यह रोग *जेन्थोमानास प्युनिकी* नामक जीवाणु के द्वारा फैलता है। प्रभावित फलों पर जलाभित विक्षत बन जाते हैं। प्रारम्भ में ये छोटे–छोटे व गोल होते हैं, जो उग्र दशा में फलों को घेर लेते हैं। परिणामस्वरूप फल खराब हो जाते हैं।

रोकथाम के उपाय :–

- प्रभावित भागों को पेड़ से हटा कर नष्ट कर देवें।
- रोग की प्रारम्भिक अवस्था में ही *स्ट्रेप्टोसाइक्लिन* या पेनिसिलिन जी–500 मिली ग्राम जीवाणु नाशक दवा प्रति लिटर पानी का घोल बनाकर छिड़काव करें। आवश्यकतानुसार इसे पुनः दोहरायें। इसके अतिरिक्त यदि बोर्डो मिश्रण (5:5:50) की छिड़काव यदि किया जाये तो भी लाभदायक रहता है।

4. गलन (*सोट रोट*)

इस रोग से अनार के फलों में अधिक क्षति होती है जो कि *राइजोफस एराइजस* नामक फफूंद से फैलता है। यह रोग सामान्यतया भण्डारण के दौरान होता है। इसका संक्रमण फलों पर छोटे–छोटे धब्बों से प्रारम्भ होता है। जो बाद में आपस में मिलकर

फैल जाते हैं। यह रोग अधिकतर फलभित्ति पर दिखाई देते हैं। लेकिन अन्दर से फल सड़ा हुआ होता है। जिस कारण फलों की बाजार में कीमत कम हो जाती है।

रोकथाम के उपाय :-

- फलों को अलसी/सरसों के तेल के इमल्शन (50 प्रतिशत) से उपचारित करके संग्रह करना चाहिए।
- यदि फलों को 2-4 डी के 500 पी पी एम घोल से उपचारित किया जाये तो यह रोग कम फैलता है।

5. फल गलन (रोट)

यह रोग *एस्पर्जिलस लेवस* नामक फफूंद से उत्पन्न होता है। इसके संक्रमण से फल का रंग पहले भूरा पड़ जाता है तथा बाद में काला हो जाता है। फल में गड्ढे बन जाते हैं या अन्दर दब जाते हैं। इसके ऊपर हरे रंग के *कोनिडिया* उग जाते हैं जिसके फलस्वरूप फल में सड़न पैदा हो जाती है।

रोकथाम के उपाय :-

- फलों पर तोड़ते वक्त या भण्डारण में किसी भी प्रकार की चोट-घाव नहीं पड़ना चाहिए।
- फफूंद नाशक बविस्टीन को 1-2 ग्राम दवा प्रतिलिटर पानी में घोलकर हल्का छिड़काव करना चाहिए। भण्डारण को साफ-सुथरा तथा उचित वायु संचार बनाये रखना चाहिए।

OOO

26
खजूर

वैज्ञानिक नाम : ***फॉइनिक्स डेक्टाइलीफेरा*** कुल– **ऐरीकेसी**

खजूर एक बहुवर्षीय बागवानी फसल है जो कि मुख्यत: खाड़ी देशों में होता है परन्तु अब इसकी खेती भारत में भी होती है। इसके लिए गुजरात व पश्चिमी राजस्थान की जलवायु उपयुक्त मानी जाती है। खजूर का उपयोग छुहारा, अचार, तरल शुगर, जूस, चीनी, टॉफियाँ एवं शराब आदि बनाने में होता है। खजूर की गुठली से मुर्गीपालन का पौष्टिक आहार भी बनाया जाता है। इस पेड़ से मिलने वाली पत्तियों से टोकरियाँ, कागज, झाड़ू व रस्सियाँ बनायी जाती हैं। खजूर एक पौष्टिक फल है। जिसमें शर्करा, आयरन, पोटेशियम, कैल्शियम आदि प्रचुर मात्रा में पाये जाते हैं। खजूर की खेती में प्रमुख रोगों का विवरण यहाँ प्रस्तुत किया जा रहा है।

1. बायोड रोग

यह रोग *फ्यूजेरियम ऑक्सीस्पोरम फॉर्मा स्पेशलिस एल्बेडीनीस* से होता है। इस रोग के लक्षण सर्वप्रथम पेड़ के ऊपरी सिरे की पत्तियों पर प्रकट होते हैं। इसके कारण राख की तरह मटमैले रंग के धब्बे दिखाई देने लगते हैं। इसके साथ ही अपुष्प पर्ण के एक तरफ से ऊपर से नीचे को सूखना शुरू हो जाते हैं। इसके बाद फ्रोंड्स के विपरीत दिशा के पंख व काँटे भी सूखने लगते हैं। पुष्पक्रम के पृष्ठीय पक्ष में गहरे भूरे रंग के दाग बनना शुरू हो जाते हैं। जो कि उग्र अवस्था में फ्रोंड्स पर भी आधार से सिरे की तरफ बढ़ता है। संक्रमित पेड़ की जड़ों को उखाड़कर देखने पर छोटे–छोटे लाल रंग के धब्बे दिखाई देते हैं।

रोकथाम के उपाय :–

- बायोड रोग से संक्रमित पौधे, खजूर से बनी सामग्रियों, रिजका व मेहंदी के बीज आदि को संक्रमित क्षेत्रों से आयात न करें।
- कृत्रिम परिवेशीय ऊतक संवर्धन द्वारा तैयार किये गये पौधे ही इस रोग का मुख्य उपाय है।

- मिट्टी को क्लोरोपिक्रिन से उपचारित करने से भी इस रोग पर नियंत्रण पाया जा सकता है।

2. पत्ती धब्बा

यह रोग *अल्टर्नेरिया* फफूंद से होता है। इस रोग को प्रायः पश्चिमी राजस्थान व गुजरात के कच्छ भाग में देखा गया हैं। इस रोग के कारण भूरे रंग के पाउडरी धब्बे खजूर के पेड़ की निचली पत्तियों में दिखाई देते हैं। धीरे–धीरे ये धब्बे बड़े होकर पूरी पत्ती को सूखा देते हैं। जिससे उपज में कमी आती है।

रोकथाम के उपाय :–

- प्रमाणित किस्मों का ही चयन करें।
- रोग के प्रथम लक्षण दिखते ही मेन्कोजेब 0.2 प्रतिशत या बोरडो मिश्रण 1 प्रतिशत से 15 दिनों के अन्तराल पर 2–3 छिड़काव करें।

3. *ग्रेफियोला* पत्ती धब्बा रोग

रेगिस्तान में उगने वाले खजूर का यह प्रमुख रोग है। यह रोग *ग्रेफियोला फॉएनिसिस* नामक कवक से होता है। जो एक अविकल्पी परजीवी है। यह रोग खजूर के उत्पादन को विशेष रूप से प्रभावित करता है। इस रोग को बूट चूर्णिल आसिता भी कहते है। वातावरण में 75–80% आपेक्षिक आर्द्रता, 150 से 600 मिमी वार्षिक वर्षा तथा 30–50 डिग्री सेन्टीग्रेड तापमान रोग प्रसार हेतु सर्वानुकूल परिस्थितियाँ है। दिन में 7–8 घण्टे की धूप इस रोग को और अधिक फैलाती है।

प्राथमिक लक्षण के रूप में पत्ती की ऊपरी सतह पर छोटे–छोटे पीत वर्ण धब्बे प्रकट होते हैं जो तेज प्रकाश की उपस्थिति में सरलता से दिखाई देते हैं।

रोगकारी कवक पत्तियों की दोनों सतह की निचली कोशिकाओं को संक्रमित करता है। रोग के पूर्णतया प्रभावी होने पर 1–3 मिमी परिमाप के काले रंग के बीजाणु/सोराई बनते हैं जो संक्रमित पत्ती के दोनों सतहों पर उपस्थित रहते हैं।

खजूर की पत्तियों की सतह पर कठोर/ठोस अपूर्ण विकसित सोराई के कोशपट इस रोगजनक कवक की मुख्य पहचान है, जो विकसित होने पर फट कर सोराई को वायु में मुक्त कर देते हैं। ये सोराई वायु द्वारा ही स्वस्थ पौधों तक संचरित किये जाते हैं, जिससे संक्रमण बढ़ता है।

रोग संक्रमण के पश्चात् 2 से 3 वर्ष पुरानी पत्तियों में प्राथमिक लक्षण प्रदर्शित होते हैं। रोग संक्रमण पत्तियों में वाष्पोत्सर्जन की दर बढ़ा देता है जो मरुस्थलीय

वातावरण में खजूर पौधों के लिए विकट स्थिति है। संक्रमण के पश्चात् सामान्य परिस्थितियों में भी नई पत्तियाँ भी मुरझाकर झड़ने लगती हैं।

समन्वित रोग प्रबन्धन :-

खजूर के बागानों में इस रोग के प्रबन्धन हेतु समन्वित प्रयास आवश्यक है। खजूर की ग्रेफियोला रोग प्रतिरोधी किस्मों का उपयोग एक सरल तथा सटीक उपाय है। जैवरूपान्तरित रोग सहनशील किस्में जैसे- अद्बाद, रहमान, गिज़ाज, ईतीमा, खस्तावी और टडाला मुख्य है।

उच्च उत्पादनशील व्यावसायिक किस्में जैसे मद्जूल, खद्रावी, शरमन, हलावी और ब्राह्मी ग्रेफोलियोला के प्रति अत्यन्त संवेदनशील है, अतः इनको रोगी प्रतिरोधी बनाना वर्तमान में मुख्य अनुसंधान उद्देश्य है।

- रोगग्रस्त पौधों को सावधानीपूर्वक एकत्रित कर जला देना चाहिए।
- बोरडेक्स मिश्रण (0.01%), फाइटोलॉन (0.2%) तथा मेकोजेब का उपयोग रोग नियंत्रण में प्रमुख भूमिका निभाता है।
- रोग लक्षण प्रकट होने पर नियमित रासायनिक सुरक्षा हेतु 4-5 दिन के अन्तराल पर कवकनाशियों का छिड़काव प्रभावी होता है।

○○○

27
नींबू

वैज्ञानिक नाम : ***सिट्रस ओरन्टिफोलिया*** कुल– **सिट्रेसी**

विभिन्न फलों में नींबू प्रजाति के फलों का महत्त्वपूर्ण स्थान है। इस फल से प्रचुर मात्रा में विटामिन 'सी' व खनिज तत्त्व पाये जाते हैं। नींबू वर्गीय फलों में मौसमी, संतरा व नींबू आदि प्रमुख है। नींबू की खेती के लिए सही समय जून से जुलाई तक होता है। पौधों को लगाने से पूर्व गड्ढे की मिट्टी में 20 किलोग्राम सड़ी हुई गोबर की खाद और 1 किलोग्राम सुपर फॉस्फेट को अच्छी तरह मिला दें। नींबू की खेती में सड़ी हुई गोबर की खाद की अहम भूमिका होती है। अत: हर साल दिया जाना उचित माना जाता है। नींबू के पौधों पर रोगों का प्रकोप भी रहता है। इन मुख्य रोगों का विवरण यहाँ दिया गया है –

1. कैंकर रोग

यह नींबू का व्यापारिक दृष्टि से महत्त्वपूर्ण रोग है। जिसकी वजह से बाजार में नींबू की कीमतों में गिरावट आती है। यह रोग एक जीवाणु *जेन्थोमोनास एक्सोनोपोडिस पेथोवर सिटराई* से होता है। इस रोग के लक्षण शुरूआती समय में हल्के पीले रंग के धब्बों के रूप में दिखाई देते हैं। ये धब्बे धीरे–धीरे काले भूरे रंग के हो जाते हैं। उग्र अवस्था में तथा अनुकूल परिस्थितियों में यह रोग फलों तथा शाखाओं पर फैलना शुरू हो जाता है। इस रोग के कारण फलों पर गोल काले रंग के धब्बे बन जाते हैं।

रोकथाम के उपाय :–

- रोगग्रसित शाखाओं को काट कर अलग कर देना चाहिए।
- रोगरोधी पौधों का ही चयन करें।
- रोग के प्रकोप को कम करने हेतु स्ट्रेप्टोसाइक्लिन 250–500 मिलीग्राम व ताम्रयुक्त कवकनाशी (*कॉपर ऑक्सीक्लोराइड* या *ब्लाइटोक्स*) 3 ग्राम प्रति लीटर पानी में घोल कर छिड़काव करें तथा दूसरा छिड़काव 15–20 दिनों के अन्तराल पर करें।

2. गोदांति रोग (गमोसिस)

यह रोग *फाइटोप्थोरा निकोसियाने वेराइटी पेरासिटिका* नामक फफूंद से होता है। इस रोग के कारण तनों पर भूमि के पास से और टहनियों के रोगग्रस्त भाग से गोंद जैसा पदार्थ निकल कर छाल पर बूंदों के रूप में इकट्ठा हो जाता है। छाल सूख कर फट जाती है। भीतर से तना भूरे रंग का हो जाता है।

रोकथाम के उपाय :-

- रोगग्रस्त पेड़ की छाल को खुरचने के बाद रिडोमिल एम. जेड. 20 ग्राम व एक लीटर अलसी का तेल, दोनों को अच्छी तरह मिलाकर लेप करें। अथवा ताम्रयुक्त कवकनाशी (ब्लाइटोक्स) के 0.3 प्रतिशत या रिडोमिल एम जेड का 0.2 प्रतिशत घोल का छिड़काव 15 दिन के अन्तराल पर करे।

3. डाइबेक

यह रोग *कोलेटोट्राइकम ग्लीयोस्पोरिओईडस* नामक फफूंद से होता है। इस रोग के प्रथम लक्षण पत्तियों पर भूरे बैंगनी धब्बों के रूप में होता है। जिसके कारण टहनियाँ ऊपर से नीचे की ओर सूखती हुई भूरी हो जाती है तथा पत्तियाँ सूख कर गिर जाती हैं।

रोकथाम के उपाय :-

- रोगग्रसित टहनियों को काट कर हटा दें।
- छंटाई के बाद ताम्रयुक्त कवकनाशी (ब्लाइटोक्स) 3 ग्राम प्रतिलीटर पानी में या मेन्कोजेब 2 ग्राम प्रति लीटर पानी में घोल बनाकर छिड़काव करें। दूसरा छिड़काव 15 दिन के अन्तराल पर करना चाहिए।
- उन्नत रोग रोधी किस्मों जैसे– कागजी, विक्रम, प्रमालिनी, बारामासी आदि का चयन करें।

OOO

28

सब्जियों के रोग एवं प्रबंधन

भारत की कृषि आधारित अर्थव्यवस्था में सब्जी उत्पादन का महत्त्वपूर्ण योगदान है। सब्जियाँ सघन श्रमिक आवश्यकता वाली फसलें हैं। अतः ये किसान भाईयों के लिये रोजगार के ज्यादा अवसर प्रदान करती है तथा उनकी आय को बढाती है। वर्षा तथा शरद ऋतु में बोई जाने वाली सब्जियों की खेती का विशेष महत्त्व है। इसके साथ ही इन फसलों में लगने वाले रोगों की जानकारी व उपचार का भी उतना ही महत्त्व है। सब्जियों में बीमारियों का प्रकोप बीजों की बुवाई से लेकर फलों के तैयार होने तक कभी भी हो सकता है। रोग पौधों की जड़ों से लेकर पत्तियों एवं फलों तक में हो सकता है। अन्य फसलों की तरह ही सब्जियों में मुख्य रूप से फफूंद, जीवाणु, सूत्रकृमि एवं माइकोप्लाज्मा जनित रोगों का प्रकोप होता है। फसल को विभिन्न प्रकार की बीमारियों से सुरक्षित करने के लिये यह भी जानना आवश्यक है कि प्रत्येक बीमारी के रोगाणु की उपलब्धता व उनके विकसित होने का स्त्रोत या माध्यम भिन्न-भिन्न हो सकते हैं। ये माध्यम प्रमुख रूप से तीन प्रकार के हो सकते हैं- 1. बीज जनित, 2. भूमि जनित, 3. वायु के माध्यम से फैलने वाले रोगाणु। इसी प्रकार इनके उपचार बीज उपचार, भूमि उपचार तथा फसल पर छिड़काव द्वारा रोगों की रोकथाम की जा सकती है।

सब्जियों की फसल पर प्रकोप करने वाले प्रमुख फफूंद रोग

1. **पत्ती धब्बा रोग (*लीफ स्पोट*) :** यह रोग सब्जियों की बढ़वार के समय प्रमुख रूप से पत्तियों पर विभिन्न आकार, शक्ल व रंग के धब्बे हो जाते हैं जो बाद में असीमित आकार के बन जाते हैं। इससे पत्तियाँ अपरिपक्व अवस्था में ही गिर जाती हैं जिससे पौधा नष्ट हो जाता है। यह मुख्य रूप से *अल्टरनेरिया, सरकोस्पोरा, फाइटोप्थोरा* व *सेपटोरिया* जाति के फफूंदों से पत्ता गोभी, फूलगोभी, प्याज, टमाटर, बैंगन, गाजर, आलू आदि में बहुतायत से पाया जाता है। रोग की रोकथाम के लिये बुवाई से पूर्व आलू व टमाटर के कंद मेन्कोजेब 0.3 प्रतिशत दर से उपचारित करें । अन्य सब्जियों में लक्षण प्रकट

होने पर मेन्कोजेब 0.25 प्रतिशत या डायथेन जेड–78 या फाइटोलान 0.2 प्रतिशत (2 ग्राम दवा प्रति लीटर पानी) का छिड़काव करें।

2. **छाछ्या रोग (पाउडरी मिल्ड्यू) :** यह सब्जियों की आम बीमारी है जिसका प्रकोप होने से पौधों पर सफेद चूर्ण छा जाता है। ऐसा प्रतीत होता है जैसे आटा बिखेर दिया हो। चूर्ण की परत पत्तियों, कलियों, तनो, टहनियों तथा फलों पर जमी हुई दिखाई देती है। इससे ग्रसित फसल के पौधें सिकुड़ कर छोटे रह जाते है। तथा पत्तियाँ झड़कर नष्ट हो जाती हैं। छाछ्या रोग अलग–अलग सब्जियों में भिन्न–भिन्न प्रकार के फफूंदों से होता है। जैसे– *इरीसीफी सीकोरेसीयम* (इसका प्रकोप कूष्माण्डकुल की सब्जियों तथा भिण्डी से होता है।) विशेष रूप से फूल आने की अवस्था पर शुष्क मौसम एवं तापक्रम बढ़ जाने पर यह रोग बढ़ता है। इसकी रोकथाम के लिये–
   1. गंधक का बारीक चूर्ण 25 किलोग्राम प्रति हेक्टेयर की दर से भुरकें।
   2. 2.5 किलोग्राम घुलनशील गंधक का पाउडर पानी में घोलकर प्रति हेक्टेयर में छिड़काव करें।
   3. कैराथेन एक मिलीलीटर प्रति लीटर पानी में घोलकर छिड़काव करें आवश्यकतानुसार छिड़काव को 15 दिन के अन्तराल पर पुनः दोहरावें।

झुलसा रोग तथा फल सड़न रोगों का नियन्त्रण

लक्षण:– झुलसा बीमारी में टमाटर व अन्य फसलों के तने और पत्तियों पर गहरे रंग के धब्बे पड़ जाते हैं। फलों पर फफूंदजनक रोगों के प्रकोप से फलों पर धब्बे पड़ जाते हैं तथा सड़ने लगते हैं इसकी रोकथाम के लिए कॉपर फन्जीसाइड 3 किलोग्राम या मेन्कोजेब (डाईथेन एम 45) 2 किलोग्राम प्रति हैक्टेयर के हिसाब से छिड़कें।

फूलगोभी में तना सड़न या काला सड़न रोगों की रोकथाम

इसकी की रोकथाम के लिए एग्रीमाईसीन 25 ग्राम या स्ट्रेप्टोसाईक्लीन 7 ग्राम को 200 ग्राम कॉपर फन्जीसाइड के साथ 100 लीटर पानी में घोलकर छिड़काव करें।

आर्द्र गलन तथा जड़ सड़न रोगों की रोकथाम

जड़ सड़न एवं आर्द्र गलन रोग का प्रकोप प्रमुख रूप से निम्नांकित फसलों पर होता है–

(1) टमाटर, (2) मिर्च, (3) प्याज, (4) भिण्डी

टमाटर में आर्द्र गलन (*डेम्पिंग ऑफ*)

नर्सरी में भूमि की सतह पर उगते हुए बीजों पर प्रहार कर उन्हें गिरा देते हैं।

नियन्त्रण:– ऐसे क्षेत्र में 1 प्रतिशत फोर्मेलिन घोल (1 लीटर दवा 100 लीटर पानी में) का ड्रेन्चिंग (8–10) कर के बुवाई पूर्व भूमि उपचार कर लें। उपचारित क्षेत्र को 48 घण्टे तक गीले टाट या पॉलिथीन की शीट से ढक दें ताकि जमीन में इस दवा का धुंआ घुस सके। इसके बाद उपचारित जमीन को बुवाई से पूर्व 2–3 दिन तक खुला छोड़ दें ताकि अंकुरण पर कोई विपरीत प्रभाव न पडे.।

टमाटर का जड़ सड़न रोग

नर्सरी के पौधों के खेत में रोपाई के बाद पौधे को जमीन की सतह से गिरा कर नष्ट कर देता है।

उपचार:– पौधों की जड़ों को रोपाई से पहले 0.2 प्रतिशत बाविस्टिन के घोल (2 ग्राम दवा 1 लीटर पानी) में 5 मिनट तक डुबोकर उपचारित करें।

बीज उपचार : नर्सरी में बुवाई से पहले बीजों को 2 ग्राम बाविस्टीन या 3 ग्राम थाइराम प्रति किलोग्राम बीज की दर से उपचारित करें। प्याज और मिर्च में इस प्रकार के रोग लगते हैं उनके लिए भी नियन्त्रण का यही तरीका है।

जीवाणु (बैक्टीरिया) रोगों का सब्जियों में प्रकोप तथा उनकी रोकथाम

जीवाणु रोगों में सब्जियों में बहुत नुकसान होता हैं। अलग–अलग प्रकार के जीवाणु रोग फसल विशेष पर प्रकोप करते हैं, इनमें से प्रमुख हैं–

टमाटर व मिर्च में जीवाणु झुलसा (*बैक्टीरियल लीफ स्पॉट*)

लक्षण:– इस रोग के प्रकोप से पौधों की पत्तियों पर छोटे–छोटे तैलीय या जलीय धब्बे बन जाते हैं। धब्बे बाद में गहरे भूरे से काले रंग के उठे हुए दिखाई देते हैं। कभी–कभी ये धब्बे बहुत अधिक हो जाते हैं। अधिक रोग फैलने होने पर पौधों की टहनियों पर भी भूरे और काले धब्बे हरे टमाटर व मिर्च के फलों पर भी पड़ जाते हैं।

उपचार:– 200 मिलीग्राम *स्ट्रप्टोसाईक्लीन* प्रति लीटर पानी की दर से घोलकर आवश्यकतानुसार क्षेत्र में छिड़काव करना चाहिए। बीमारी की गम्भीरता को देखते हुए पौधा बनने से लेकर फल धारण होने तक 15 दिन के अन्तर से छिड़काव करना चाहिए।

आलू गलन रोग या साट रोट या ब्राउन रोट

लक्षण:– इसके प्रकोप से पौधे हल्के हरे या पीले पड़ जाते हैं और मुरझाकर

गिर जाते हैं। पौधे के तने के बीच का हिस्सा काला पड़ जाता है जिससे एक काली लकीर सी दिखाई देती है। रोगी पौधे की पत्तियाँ मुरझाकर झुक जाती हैं। यही बीमारी अक्सर आलू बनने की अवस्था में होती है। बीमार पौधों के आलू को अगर काटा जाए तो चारों तरफ भूरीरेखा दिखाई देगी। ऐसे आलू बहुत जल्दी सड़ जाते हैं।

उपचार:- स्ट्रेप्टोसाईक्लीन 4 ग्राम के 100 लीटर पानी के घोल में 2 घण्टे भिगोने के पश्चात् बुवाई करायें।

फूलगोभी में काला सड़न रोग

यह रोग *'जेन्थोमोनास कैम्पेस्ट्रिस'* नामक जीवाणु से फैलता है।

लक्षण:- नर्सरी की क्यारियों में नई पौध पर यह रोग अधिक लगता है। यह रोग पत्तियों के किनारों से फैलता हे। इसके कारण जगह-जगह पीले तथा 'वी' आकार के चकत्ते दिखाई देते हैं तथा शिराएँ काली दिखाई देती हैं। उग्रावस्था में यह रोग गोभी के अन्य भागों में भी दिखाई देता है जिससे फूल का डंठल अन्दर से काला पड़ जाता है।

उपचार:-

(1) बुवाई के पूर्व बीजों को स्ट्रेप्टोसाईक्लीन 250 मिलीग्राम एक लीटर पानी में अथवा कार्बेण्डजीम (बावस्टीन) 1 ग्राम प्रति लीटर पानी में घोल में 2 घण्टे भीगोकर तथा बीजों को सुखाकर बुवाई करें।

(2) पौध रोपण से पूर्व पौध की जड़ों का स्ट्रेप्टोसाईक्लीन एवं बावस्टीन के उपर्युक्त घोल में एक घण्टा डुबोकर लगावें।

(3) खड़ी फसल में रोग दिखने पर उपर्युक्त दवा का छिड़काव करें।

ग्वार का जीवाणु झुलसा

लक्षण:- यह रोग *'जेन्थोमोनाज'* नामक जीवाणु से फैलता है और सब्जी वाली किस्मों में अधिक होता है। इसे रोग की शुरूआत से ही देखा जा सकता है क्योंकि यह रोग बीज से फैलता है और यदि मौसम वर्षा का बना रहे और तेज हवा चलती रहे तो स्वस्थ पौधों को भी रोगग्रस्त कर देता है। प्रारम्भ में पत्तियों पर पानी के धब्बे जैसे निशान पड़ जाते हैं जो बाद में भूरे रंग में बदल जाते हैं। ये धब्बे आपस में मिलकर बड़े धब्बे बनाते हैं तथा पूरे पौधों में फैल जाते हैं। यहाँ तक कि अधिक प्रकोप होने पर तना भूरे व काले रंग का हो जाता है और नष्ट हो जाता है तथा उसका वह भाग सूख जाता है। बीमारी आगे बढ़कर फलियों तथा बीजों को भी ग्रसित कर देती है।

रोकथाम:- इस रोग की रोकथाम के लिए स्ट्रेप्टोसाईक्लीन 250 मिलीग्राम एक लीटर पानी में अथवा 250 पी.पी.एम. के घोल का छिड़काव किया जाना चाहिए।

छोटी अवस्था में रोग के लक्षण दिखते ही 15–15 दिन के अन्तर पर 2–3 छिड़काव करें। रोग के सुरक्षात्मक उपाय के अन्तर्गत स्वस्थ बीजों को प्रयोग में लाना चाहिए। बीजों को बुवाई से पूर्व एन्टीबायोटिक दवा के 250 पी.पी.एम. घोल से उपचार करके बोना चाहिए।

खीरा में कोठिया पत्ती रोग

लक्षण:– यह खीरे में पाये जाने वाला प्रमुख रोग है। यह रोग *'स्यूडोमोनास लैक्रिमन्स'* नामक जीवाणु द्वारा होता है। इसके कारण पत्तियों पर कोणीय भूरे धब्बे बन जाते हैं। पत्तियाँ सूखकर झड़ जाती हैं। प्रभावित फलों में भूरे रंग की सड़न दिखने लगती हैं। यह बीमारी रोगग्रस्त बेलों, बीजों तथा पानी द्वारा फैलती है।

रोकथाम:– स्वस्थ बीजों का प्रयोग करना चाहिए। स्ट्रैप्टोमाईसिन के 250 पी.पी.एम. के घोल के बीजों को डुबोकर उपचारित करना चाहिए। फसल पर रोग के लक्षण दिखते ही स्ट्रैप्टोमाईसिन के 250 पी.पी.एम. के घोल से छिड़काव करें।

तरबूज–खरबूजा का जीवाणु मुरझान रोग

यह रोग *'एरवीनिया ट्रासिफिलस'* नामक जीवाणु से होता है। आरम्भ में कुछ ही पत्तियाँ पीली पड़ती हैं तथा बाद में पूरा पौधा ही पीला पड़कर मुरझा जाता है। ग्रसित पौधों के तनों को काटने पर चिपचिपा तरल पदार्थ निकलता है। यह जीवाणु चितकबरे कुकुम्बर भृंगों के शरीर पर पलते हैं। जब ये कीट पौधों पर अपना भोजन लेती है तो इस जीवाणु को पौधों पर छोड़ देती है।

उपचार : मेलाथिन या मिथाईल पैरथियान का भुरकाव या इनकी घुलनशील दवाओं का छिड़काव करावें।

सब्जियों के विषाणु रोग तथा उनका नियन्त्रण

सब्जियों की फसल में विषाणुओं से भी कई प्रकार की बीमारियाँ फैलती है। विषाणु रोग का उपचार बहुत कठिन हैं। अभी तक कोई पूर्ण कारगर रासायनिक उपचार नहीं है। रोगरोधक किस्मों की बुवाई ही इनका सस्ता व कारगर उपाय है। विषाणु रोग के प्रसार में एक कमजोरी यह है कि इसमें चलायमान होने की शक्ति नहीं है अतः अपने आप नहीं फैल पाता है तथा कीटों के माध्यम से ही यह एक पौधे से दूसरे पौधे में पहुँच पाता है। अतः विषाणु रोग के प्रसार को रोकने के लिए कीटों का नियन्त्रण कर आसानी से उपाय किए जा सकते हैं। प्रमुख विषाणु रोग एवं उनके नियन्त्रण के बारे में आगे बताया जा रहा है–

कूष्माण्ड कुल की सब्जियों में विषाणु रोग तथा उनका नियन्त्रण

कुष्माण्ड कुल की सब्जियों में दो प्रकार के विषाणु पाए जाते हैं– (अ) कुकुम्बर मोजेक वायरस (सी.एम.बी.); (ब) वाटर मेलन मोजेक वायरस (डब्लू.एम.सी.)।

लक्षण:– विषाणु रोग *एफिड्स* (मोयला या चेपा) से फैलते हैं। इस रोग के कारण पत्तियों की लम्बाई–चौड़ाई कम हो जाती है। ग्रसित पौधे के फल भद्दे रंग के व बेडौल आकार के हो जाते हैं।

नियन्त्रण:–

(1) रोग्रस्त पौधों को उखाड़कर नष्ट कर दें।

(2) विषाणुग्रस्त बीजों को प्रयोग नहीं करें तथा रोगरोधी किस्मों की ही बुवाई करें।

(3) चेपा की रोकथाम के लिए फास्फोमिडान 150 मिलीलीटर प्रति हैक्टेयर की दर से 10–15 दिन के अन्तर पर छिड़काव करें।

मिर्च, टमाटर एवं बैंगन आदि में मोजेक रोग एवं उसका नियन्त्रण

यह रोग मिर्च, टमाटर, बैंगन, आलू तथा कूष्माण्ड कुल की अन्य सब्जियों में अधिक होता है।

लक्षण:–

(1) पौधों की पत्तियाँ सिकुड़ जाती हैं और झुर्रियाँ पड़ जाती हैं इसलिए इसे माथा बन्दी रोग कहते हैं। पौधा भोजन लेना बन्द कर देता है।

(2) पौधों की बढ़वार रूक जाती है और उन पर फल नहीं आते।

(3) यह एक विषाणु रोग है जो रस चूसने वाले कीड़ों जैसे– सफेद मक्खी, एफिड या थ्रिप्स के कारण फैलता है।

नियन्त्रण:– इसकी रोकथाम के लिए नर्सरी से ही उपचार करना आवश्यक है अन्यथा एक बार रोग हो जाने परन उस काबू पाना बहुत कठिन है।

(1) नर्सरी में बुवाई पूर्व 12 ग्राम कार्बोफ्यूरान प्रति वर्ग मीटर के हिसाब से कतारों में डलवा दें।

(2) बुवाई के 10 दिन बाद नर्सरी में 10 मिली डाईमेथोएट प्रति लीटर पानी में मिलाकर छिड़काव करें।

(3) पौध रोपाई के बाद– (अ) फूल आने से पहले डाइमेथोएट 1 लीटर प्रति हैक्टेयर की दर से छिड़काव करें, (ब) फल आते समय मेलाथिओन 50 ई.सी. 1250 मिलीलीटर प्रति हैक्टेयर की दर से छिड़काव करें।

भिण्डी का पत्ती–शिरा विषाणु रोग (*येलो वेन मोजेक*) एवं उसका नियंत्रण

इस रोग मे पत्तियाँ चितकबरी या पीली हो जाती हैं और भोजन बनाना बन्द कर देती है। पौधों की बढ़वार रूक जाती है।

उपचार : फल लगने से पहले तक टमाटर व मिर्च के विषाणु रोग की तरह ही आन्तरिक कीटनाशी जैसे– डाईमेथोएट का 15–15 दिन के अन्तर पर छिड़काव करते रहना चाहिए। फल लगने पर मेलाथिआन या एण्डोसल्फान के घोल का फसल पर छिड़काव दोहराते रहना चाहिए। रोगरोधक भिण्डी की किस्मों की बुवाई ही सर्वश्रेष्ठ उपाय है।

माईक्रोप्लाज्मा रोग एवं उनका नियन्त्रण

इस श्रेणी के अन्तर्गत *लिटिल लीफ* रोग विशेष उल्लेखीनय है। यह रोग बैंगन की फसल पर प्रकोप करता है।

लक्षण : पौधे पर अनेक छोटी–छोटी पत्तियों का प्रकट होना इस रोग का प्रमुख लक्षण है। इससे पौध की बढ़वार रूक जाती है तथा फूल व फल नहीं लगते हैं।

उपचार : रोग फैलाने वाले कीड़ों के नियन्त्रण के लिए 1 मिलीलीटर मेलाथियान का प्रति लीटर पानी में घोल बनाकर पौधों पर छिड़काव करना चाहिए।

सूत्रकृमि (*निमोटोड*) जनित जड़–गाँठ तथा उनका नियन्त्रण

सब्जियाँ में फफूंद, जीवाणु एवं विषाणु से होने वाले रोगों के अतिरिक्त सूत्रकृमि (*निमोटोड*) जनित रोगों का भी प्रकोप होता है। सूत्रकृमि का सब्जियों की फसलों की जड़ों पर प्रकोप होने के कारण गाँठें सी बन जाती हैं जिसके कारण इसे जड़–गाँठ रोग या मूलग्रन्थि रोग भी कहते हैं। इस रोग का फसल की जड़ों में प्रवेश भूमि के माध्यम से होता है। यह आरम्भ में जड़ों में प्रवेश कर जाता है तथा धीरे–धीरे परजीवी (पेरासाइट) रूप में पौधे से खुराक खींचता रहता है जिसके कारण पौधा कमजोर हो जाता है। इसमें अन्य रोगों की भाँति पौधा एकदम नहीं मरता अपितु उसकी बढ़वार रूक जाती है तथा पौधे बौने ही रह जाते हैं। पौधे पीले तथा पत्तियाँ छोटी–छोटी मुरझाई सी सिकुड़ी हुई नजर आने लगती हैं जिसके फलस्वरूप उपज में बहुत गिरावट आ जाती है।

सब्जियों में मूलग्रन्थि रोग *मेलौडोगाइनी* नामक सूत्रकृमि द्वारा होता है। इसकी सामान्य जातियाँ मेलौडोगाइनी इनकोगनिटा व मेलौडोगाइनी जावनिका व पहाड़ी क्षेत्र में मेलौडोगाइनी हेपला सब्जियों की फसलों में गाँठिया रोग उत्पन्न करती है। पौधों की जड़ों में सूत्रकृमि के डिम्ब (लार्वा) प्रवेश कर उनसे अपना भोजन प्राप्त करते

रहते हैं जिसके कारण पौधों में कमजोरी आ जाती है साथ ही पौधों द्वारा पोषक तत्त्वों के अवशोषण में भी अवरोध उत्पन्न होने लगता है।

पौधों के सूत्रकृमि धागे की तरह होते हैं और ये मिट्टी में पाए जाते हैं। भारत में इनकी लगभग 250 किस्में हैं। अधिकतर मृदाजीवी तथा परभक्षी होते हैं। कुछ पादप परजीवी होते हैं। पादपजीवी कृमियों के मुँह का भाग कन्टिका (स्टाइलेट) कहलाता है। पौधों में जड़–गाँठ वाले सूत्रकृमि पाए जाते हैं जिससे जड़ों पर जगह–जगह सूजन बनकर गाँठें नजर आने लगती हैं। जड़ों पर बनने वाली गाँठों में सूत्रकृमि की मादाओं की संख्या बहुत होती है। इसके पार्श्व भाग में एक झिल्ली होती है जिसे अण्डकोष कहते हैं। यह मादा 400 से अधिक अण्डे दे सकती है। इसके लिए नर द्वारा निषेचन की आवश्यकता नहीं होती। उपयुक्त नमी व ताप होने पर अण्डकोष से डिम्ब बाहर निकलकर भूमि में आ जाते हैं तथा विचरते हुए पौधों की जड़ों में प्रवेश कर नया जीवन चक्र 25–30 दिन में पूरा हो जाता है। इस प्रकार एक फसल के जीवन काल में कृमि एक से ज्यादा जीवन–चक्र पूरे करते हैं। अतः इससे स्पष्ट होता है कि यह रोग मृदाजनित है तथा एक फसल से अगली फसल मे भूमि द्वारा ही फैलता है। सबसे अधिक प्रभावित सब्जियों की फसलों में मुख्य हैं– बैंगन, टमाटर, मिर्च, भिण्डी एवं कूष्माण्ड कुल की फसल। आलू व गाजर आदि में भी इसका प्रकोप पाया जाता है जिसके कारण आलू व गाजर बदशक्ल बन जाते हैं।

रोकथाम : जड़–गाँठ कृमि बहुत नुकसान पहुँचाता हैं, परन्तु अलग–अलग फसलों में हानि की मात्रा कम या अधिक हो सकती है जो तापक्रम, नमी तथा फसल के प्रकार पर निर्भर करता है। सूत्रकृमि रोग की पसन्द भी कुछ फसलें ही होती हैं जिन्हें रोगग्रस्त होने वाली फसलें (ससेप्टीबल होस्ट प्लांट) कहते हैं। अन्य कई ऐसी फसलें हैं जिन पर इसका प्रकोप नहीं होता। इस प्रकार रोग की रोकथाम हेतु अग्रलिखित उपाय किए जाने चाहिए–

(1) ग्रीष्म ऋतु में खेत की मिट्टी पलटने वाले हल से गहरी जुताई कर उसे सूर्य के ताप लगाने के लिए छोड़ देना चाहिए। इससे सूत्रकृमि के अण्डे, लार्वा, मादा आदि की काफी मात्रा नष्ट हो जाएगी जिससे इनका प्रकोप कम हो जाएगा।

(2) जिस खेत में गाँठिया रोग की समस्या हो वहाँ फसल चक्र अपनाना चाहिए। इन खेतों में बैंगन, टमाटर, मिर्च व कूष्माण्ड कुल की सब्जियों के स्थान पर अन्य सब्जियाँ या फसलें उगानी चाहिए जो जड़–गाँठ रोग से ग्रसित नहीं होती हों, जैसे– मेथी, जीरा, धनियां, बाजरा, गेहूँ, जौ आदि।

(3) कुछ समय के लिए भूमि पड़त छोड़ देने या जड़–गाँठ रोधक फसल होने के कारण अनुकूल फसल नहीं मिलने से भी जड़–गाँठ रोग में कमी जा जाती है।

(4) सिंचाई के पानी को रोगग्रसित खेतों से स्वस्थ खेतों में जाने से रोकना चाहिए।

(5) जड़–गाँठ रोग उत्पन्न करने वाले सूत्र कृमियों की रोकथाम के लिए एक प्रभावशाली उपाय कार्बनिक मृदा संशोधन भी है। इसके अन्तर्गत सब्जियों की बुवाई करने से पूर्व सड़ी हुई गोबर या कम्पोस्ट की खाद 150–200 क्विंटल प्रति हैक्टेयर की दर से भूमि में मिलायें।

(6) ग्रसित खेत में प्रयोग आने वाले औजारों को अच्छी तरह से साफ कर लेना चाहिए।

(7) आसपास के खरपतवार जिन पर सूत्रकृमि पनपता हो, को नष्ट कर देना चाहिए।

रासायनिक या निमाटीसाईट उपचार

(1) **पौधशाला (नर्सरी) में उपचार :** सब्जी की पौध तैयार करने के लिए नर्सरी में बीजों की बुवाई पूर्व एलीडीकार्ब (जैसे– टैमिक) 4 ग्राम या कार्बोयूरान (जैसे– यूराडान) 12 ग्राम प्रति वर्गमीटर की दर से बीज के नीचे कतारों में डाल देना चाहिए ताकि आरम्भ में जड़–गाँठ रोग को पनपने से रोका जा सकता है।

(2) **पौध उपचार :** टमाटर, मिर्च व बैंगन की पौध को रोपाई से पूर्व कार्बोफ्यूरान 55000 पी.पी.एम. (55 ग्राम दवा को एक लीटर पानी के घोल में) घोल में आधे घण्टे तक डुबाकर उपचारित करने के बाद रोपाई करने से खेत में इस रोग के प्रारम्भिक प्रकोप से बचा जा सकता है।

अखिल भारतीय बागवानी अनुसंधान केन्द्र, बैंगलूर के अनुसार टमाटर की पौध की जड़ों को थाईओनाजीन में 15 मिनट तक 500 पी.पी.एम. के घोल में डुबाकर रोपाई करने पर अच्छा परिणाम बताए गए हैं।

(3) **भूमि उपचार :** फसल रोपाई करने वाले खेत में 1.4 किलोग्राम कार्बोफ्यूरान सक्रिय तत्त्व हैक्टेयर की दर से खेत में डालकर बुवाई करनी चाहिए।

रोगों का जैव नियन्त्रण उपाय

ट्राइकोडर्मा : यह फफूंद विरोधी जैव संगठक है जो सब्जियों की फसलों में बीज एवं पौध गलन, पद गलन, जड़ गलन व उखटा आदि की बीज एवं मृदा जन्य बीमारियों से सुरक्षा में प्रभावी है। ट्राइकोडर्मा से बीज उपचार कम लागत में सरलता से किया जा सकता है। इसकी 4 से 6 ग्राम मात्रा प्रति किलो बीज की दर से आवश्यकता होती है। जड़ गलन एवं उखटा रोगग्रसित खेतों में प्रति वर्ष इससे बीज अथवा पौध को उपचार करके बोना चाहिए। ट्राइकोडर्मा में फफूंद के स्पोर होते हैं। इन्हें सूखे एवं ठण्डे स्थानों

पर भण्डारित करना चाहिए तथा तीन माह के भीतर इसे प्रयोग कर लेना चाहिए। ट्राइकोडर्मा का भूमिगत बीमारियों के निदान हेतु उपयोग किया जाता है। यह एक एन्टागोनिस्टक फफूंद है जिसके कारण रोगजनित फफूंद की वृद्धि रुक जाती है एवं पौधों पर रोगों का प्रकोप भी कम हो जाता है। यह एक जैविक नियन्त्रण विधि होने के कारण इससे फसलें रासायनिक दवाओं के दुष्परिणाम से अप्रभावित रहती है।

प्रयोग विधि :

बीजोंपचार– कृषि एवं उद्यानिकी फसलों में बीजोंपचार 4 से 8 ग्राम प्रति किलो बीज की दर से किया जाता है।

जड़ोपचार– ऐसी फसलें जिनमें पौध तैयार कर खेत में रोपण किया जाता है की पौध की जड़ों को उपचार कर लगाने से फसल में बीमारी कम आती है। इसके लिए 500 ग्राम ट्राइकोडर्मा 5 लीटर पानी में घोल बनाकर जड़ों को आधा घण्टा डुबोकर रोपण करना चाहिए।

भूमि उपचार– 1–2 किलोग्राम ट्राइकोडर्मा 40 किलोग्राम गोबर की खाद में मिलाकर बुवाई के पूर्व एक हैक्टेयर क्षेत्र में मिलायें।

नर्सरी उपचार– सब्जियों की नर्सरियों में 5 ग्राम ट्राइकोर्डमा प्रति वर्गमीटर की दर से बीज की बुवाई के पूर्व मिलायें। हमें यह जानकारी होनी चाहिए कि रोग बीज जनित है या भूमि जनित या हवा के माध्यम से फैलने वाला।

रोगों के उपचार करते समय ध्यान रखने वाली बातें

रोग का प्रकोप उसके मौसम की अनुकूलता से ही बढ़ता है, जैसे– आर्द्रता, तापक्रम, नमी, वर्षा आदि अनुकूल मौसम मिलते ही झुलसा, उकठा, छाछ्या आदि रोग पत्तियों, तनों, फलों आदि पर फैलने लगते हैं। रोगों के विस्तार के लिए जिम्मेदार मौसम सम्बन्धी पूर्ण जानकारी का ज्ञान होना चाहिए ताकि समय रहते फसल को उस रोग से बचाने के लिए उपयुक्त रसायन का उपयोग कर उसका नियन्त्रण किया जा सके।

इस प्रकार कीटनाशक रसायनों का प्रयोग करने से पूर्व फसल पर होने वाले रोग के प्रकोप के बारे में सही जानकारी होनी चाहिए। रोक संक्रमण की पहचान, फसल पर आए लक्षणों जैसे– धब्बे होना, पीला होना, चूर्ण जमा हुआ दिखना, पत्तियाँ सिकुड़ना, तना सूखना, पौधा मुरझाना, फलों का सड़ना आदि को देखकर रोग को पहचानने का ज्ञान होना चाहिए ताकि उसके अनुसार सही रोगनाशक रसायनों का प्रयोग किया जा सके। बीज व जड़ों के रोगों की पहचान इन भागों के रोगग्रस्त होने से की जा सकती है।

कई रोगों के लिए सुरक्षात्मक उपाय रोग होने से पूर्व ही करना पड़ता है जबकि अधिकतर रोगों में बीमारी के लक्षण दिखने पर ही नियन्त्रण कार्य किया जाता है। अतः पहले यह निश्चित करना होगा कि फसल पर किस प्रकार का संक्रमण है तथा उसके बाद ही सही पौध संरक्षण दवाओं का चयन करना चाहिए।

प्रयोग में लाए जाने वाले कीटनाशक रसायन उस सब्जी की फसल के लिए किसी भी प्रकार से हानिकारक (फाइटो टोक्सिक) नहीं होने चाहिए अन्यथा वह फसल को नुकसान कर सकते हैं या उसके अंगों में कुरूपता पैदा हो सकती है।

रोग नियन्त्रण में हमेशा यह ध्यान रखना चाहिए कि रसायनों का उपयोग उनकी प्रारम्भिक अवस्था में करें अन्यथा बाद में उनका नियन्त्रण करना सम्भव नहीं होता। अतः सही पौध–संरक्षण रसायनों का सही समय पर प्रयोग करना चाहिए तभी किए गए खर्चे से ज्यादा लाभ प्राप्त हो सकेगा तथा किफायती भी रहेगा।

भाग–2

रोग प्रबंधन की गैर रासायनिक तकनीकियाँ

गर्मी की जुताई

फसल की अच्छी उपज के लिये रबी की फसल कट जाने के बाद अप्रैल से जून तक मिट्टी पलटने वाले हल (एम.बी. प्लो या डिस्क प्लो) से ढलान के अनुरूप की जाने वाली जुताई को ग्रीष्मकालीन जुताई कहते हैं। यह जुताई खरीफ फसलों के लिए बहुत ही लाभप्रद होती है। भूमि–जनित रोगों की रोकथाम के लिये अपनाई जाने वाली यह सबसे पुरानी प्रणाली है। प्रत्येक तीसरे वर्ष खेतों की गहरी जुताई आवश्यक रूप से करनी चाहिए क्योंकि एक ही प्रकार के कृषि यंत्रों जैसे– देशी हल या ट्रेक्टर चालित कल्टीवेटर आदि द्वारा खेतों की लगातार जुताई करते रहने के कारण भूमि की एक निश्चित गहराई की सतह कठोर बन जाती है जिसके कारण भूमि के अन्दर वर्षा जल का अवशोषण नहीं होकर खेत से बाहर बहकर निकल जाता है। इसको उपयोग में लाने के लिए रबी की फसल काटते ही जुताई आरम्भ कर देनी चाहिए क्योंकि फसल कटने के तुरन्त बाद मिट्टी में थोड़ी नमी होती है जिससे जुताई करने में आसानी रहती है। ऐसा करने में विलम्ब नहीं करना चाहिए क्योंकि थोड़े समय पश्चात मिट्टी की नमी का वाष्पीकरण हो जाता है और खेत सूख जाते हैं। ऐसी अवस्था में चिकनी मिट्टी में गहरी जुताई करना कठिन हो जाता है। इस जुताई के लिये अप्रैल का अन्तिम सप्ताह या मई का प्रथम सप्ताह उपयुक्त रहता है। ग्रीष्मकालीन जुताई के निम्न लाभ है :–

(1) मिट्टी की जलधारण क्षमता को बढ़ाना :–

खेत की गहरी जुताई करने से मिट्टी काफी गहराई तक पलट जाती है जिससे भूमि की कठोर सतह के टूट जाने से मिट्टी गहराई तक भुरभुरी बन जाती है जिससे मानसून की पहली वर्षा का पूरा पानी जमीन के अन्दर चला जाता है तथा बहकर बाहर नहीं जाता। इससे पानी का संरक्षण भी हो जाता है जो खरीफ फसलों के लिए बहुत ही आवश्यक होता है। इसके साथ ही साथ पहली वर्षा में वायुमण्डल में उपस्थित 78 प्रतिशत नत्रजन भी घुलकर सीधी खेतों में चली जाती है जो खरीफ फसल को सीधा फायदा देता है व खेत की उर्वरा शक्ति में बढ़ोतरी होती है तथा वर्षा का सारा पानी जमीन में चले जाने के कारण भूमि के जल स्तर में भी वृद्धि होती है।

(2) भूमि में उचित तापमान बनाए रखना :–

गर्मी की गहरी जुताई करने से मिट्टी अच्छी तरह पलट जाती है व भूमि के अन्दर मृदा संरचना सुधर जाती है जिससे सूर्य से निकलने वाली किरणें सीधी भूमि के अन्दर

पहुँच जाती है तथा उचित कार्बनिक पदार्थों का संचयन होता रहता है जिससे खरीफ फसलों के बोये गये बीजों का अकुंरण आसानी से हो जाता है तथा पौधों की वृद्धि में भी बढ़ोतरी होती है।

(3) हानिकारक कीटों व रोगों पर नियंत्रण :-

गर्मी की जुताई करने से हानिकारक कीटों व रोगों का प्रभावी नियंत्रण किया जा सकता है जैसे- दीमक, सफेद लट, अमेरिकन सूण्डी, कट बग, तना छेदक, तम्बाकू इल्ली, उखटा, जड़गलन, नीमेटोड आदि। इस जुताई से कीड़ों के अण्डे, प्यूपा, इल्ली भूमि की सतह पर आ जाते हैं जहाँ पर सूर्य की गर्मी से नष्ट हो जाते हैं या पक्षियों द्वारा खा लिये जाते हैं। गहरी जुताई गेहूं व जौ की मोल्या बीमारी को कम करने में काफी कारगर है। फलस्वरूप फफूंदनाशी, कीटनाशी तथा सूत्रकृमिनाशी दवाओं से होने वाले खर्च से बचा जा सकता है तथा इनसे पर्यावरण पर पड़ने वाले बुरे प्रभाव से भी बचा जा सकता है।

(4) खरपतवारों का नियंत्रण :-

खरीफ की फसल को सबसे अधिक नुकसान खरपतवारों से ही होता है अतः इनको फसल उगाने से पहले ही नष्ट कर दिया जाये तो इससे होने वाले नुकसान से बचा जा सकता है। अधिकांश खरपतवारों एवं उनके बीजों को गर्मी की जुताई करके नष्ट किया जा सकता है। अतः गर्मी में 45-48 डिग्री सेन्टीग्रेड तापक्रम पर दो या तीन जुताई करने से बहुवर्षीय खरपतवार नष्ट हो सकते हैं। जिसके फलस्वरूप फसल तथा खरपतवार में प्रतिस्पर्धा कम हो जाती है तथा खरपतवारनाशी में लगने वाली लागत में भी कमी आती है।

(5) मृदा अपरदन का नियंत्रण :-

मृदा का अपरदन मुख्यतः बहुत तेज गति से चलने वाली हवाओं से तथा पानी से होता है। मृदा अपरदन से भूमि की ऊपरी सतह पर उपस्थित पोषक तत्त्व हवा व पानी में बहकर चले जाते है। तथा भूमि बंजर हो जाती है। ढ़लान के अनुरूप गर्मी की जुताई करने से मृदा अपरदन में काफी सीमा तक नियंत्रण देखा गया है। गर्मी की जुताई से भूमि की ऊपरी परत में जल धारण क्षमता बढ़ जाती है तथा ढ़लान के अनुरूप जुताई से ढ़लान में कटौती आती है। मिट्टी में उपस्थित ढ़ेलों की वजह से हवा के बहाव की गति में कमी आती है।

(6) उन्नत मृदा वातन :-

मृदा वातन सूक्ष्मजीवों के गुणन में बहुत महत्त्वपूर्ण है। जिससे कार्बनिक पदार्थों के अपघटन की प्रक्रिया में तेजी आती है। फलस्वरूप पदार्थों के अपघटन की प्रक्रिया

में तेजी आती है। फलस्वरूप पौधों को ज्यादा मात्रा में पोषक तत्त्वों की उपलब्धता बनी रहती है। उन्नत मृदा वातन से मृदा में उपस्थित हानिकारक खरपतवारनाशी तथा पीड़कनाशियों के अवशेषों का भी विघटन हो जाता है। जिससे इन हानिकारक रसायनों का प्रभाव पौधों पर नहीं पड़ता।

(7) जीवांश खाद की उपलब्धता :-

गर्मी के समय में रबी व जायद फसलों की कटाई के बाद खेत की गहरी जुताई करने से इन फसलों के अवशेषी डंठल व पत्तियाँ आदि मृदा में दब जाते हैं। जो कि बारिश के मौसम में सड़कर जमीन में जीवांश पदार्थ तथा पोषक तत्त्व की प्रचुरता बनाये रखते हैं। गर्मी की जुताई से गोबर की खाद एवं उपलब्ध अन्य कार्बनिक पदार्थ भूमि में भली भांति मिल जाते हैं तथा उनके अपघटन के लिये पर्याप्त समय मिल जाता है। जिससे पोषक तत्त्वों की उपलब्धता शीघ्र सुनिश्चित हो जाती है।

गर्मी की जुताई करने से खेत खरीफ की फसलों की बुवाई हेतु समय पर तैयार मिलता है। मानसून की प्रथम वर्षा के आगमन के साथ ही किसान भाई फसल की बुवाई कर अधिकतम लाभ के साथ अच्छी फसल प्राप्त कर सकते हैं। खेतों में गर्मी की जुताई करते समय एक बात का विशेष ध्यान रहे कि एक गहराई पर लगातार जुताई न करके स्थिति के अनुसार अलग अलग गहराई पर जुताई कर अधिक फसलोत्पादन को बढ़ावा देना होता है। इसके साथ ही मानसून प्रारम्भ होते ही देशी हल या ट्रेक्टरों से दो तीन बार खेत की जुताई कर पाटा चलाकर खेत को समतल बना लेना चाहिए तथा पानी का सही ढंग से तथा सही समय पर संचय करके फसलोत्पादन लेना चाहिए। जिससे कम लागत में अधिक आय प्राप्त होती है।

सारांश :-

गर्मी की जुताई से हानिकारक खरपतवारों के बीज तेज गर्मी में नष्ट हो जाते हैं तथा बाकी बचे बीज ज्यादा गहराई में पहुँच जाते हैं। जिसके कारण इनका अंकुरण नहीं हो पाता है। जिसके फलस्वरूप खेत को हानिकारक खरपतवारों से छुटकारा मिल जाता है। गर्मी की जुताई किसानों के लिए बहुत ही लाभप्रद होती है। इससे मृदा में उपस्थित हानिकारक फफूंद, जीवाणु, कीट जैसे- दीमक, सूत्रकृमि आदि की संख्या में कमी आती है। इसके अलावा मृदा में हानिकारक अवशेषी खरपतवारनाशी, पीड़कनाशी, फफूंदनाशी आदि का विघटन भी तेजी से होता है। गर्मी की जुताई से मृदा की संरचना में सुधार आता हैं, पौधों के लिए पोषक तत्त्वों की प्रचुरता बनी रहती है। तथा मृदा वातन में सुधार से लाभदायक अपघटन की प्रक्रिया में तेजी आती है।

सावधानियाँ :–

(1) गर्मी के समय खेत की जुताई खेत की ढाल के अनुरूप करें ताकि वर्षा का पानी ज्यादा से ज्यादा खेत में उपस्थित मिट्टी द्वारा सोखा जाए और जमीन के कटाव को रोकने में मदद मिलेगी।

(2) हल्की व रेतीली मिट्टी में ज्यादा जुताई नहीं करनी चाहिए क्योंकि इससे हवा व पानी से मिट्टी का कटाव बढ़ जाता है।

ooo

भूमि सौरीकरण

भारत जैसे– कृषि प्रधान देश में बहुत सी फसलों को भूमि जनित फफूंदों से काफी नुकसान होता है। कृषि उत्पादन बढ़ाने के फसलों में रासायनिक उर्वरकों तथा कीटनाशकों का उपयोग बढ़ता जा रहा है। इन रासायनिक उर्वरकों का फसलों पर लम्बे समय तक प्रयोग करने से भूमि की उर्वरा शक्ति भी नष्ट हो जाती है। रासायनिक उर्वरक पशुओं और इंसानों के लिये भी काफी घातक सिद्ध होते हैं। रोगों व कीटों पर काबू पाने के लिये एक और गैर रासायनिक विधि भूमि सौरीकरण पर जोर दिया जा रहा है। भूमि जनित फफूंदों पर नियंत्रण करने के लिये यह एक अच्छी व उत्तम विधि है।

भूमि सौरीकरण विशेषतः गर्म जलवायु वाले शुष्क तथा अर्द्ध शुष्क क्षेत्रों में ज्यादा प्रभावशाली है। भारत के कई राज्यों जैसे– राजस्थान, गुजरात, हरियाणा तथा आन्ध्र प्रदेश इत्यादि का काफी भाग शुष्क तथा अर्ध शुष्क क्षेत्र में आता है।

भूमि सौरीकरण विधि के जनक इजराईल के पौध रोग विशेषज्ञ जाकोव कटान है। प्रो. जाकोव कटान का मानना है कि फसल को कीड़े–मकोड़ों से बचाने के लिये बुवाई से पूर्व बीज को सूखाने और जमीन को जोत कर धूप में खुला छोड़कर कीटों को नष्ट करने की विधि तो सदियों से अपनाई जा रही है। इस दिशा में भूमि सौरीकरण एक नई और गैर रासायनिक पद्धति है।

शुष्क तथा अर्द्ध शुष्क क्षेत्र में प्रायः गर्मी के दिनों में तापमान 40–45 डिग्री सेन्टीग्रेड आमतौर पर पहुँच जाता है। ऐसे समय में भूमि का तापमान भी 55–60 डिग्री सेन्टीग्रेड तक पहुँच जाता है। इस समय तक एक बार भूमि को सिंचित करके उसके ऊपर एक पारदर्शी पॉलीइथाइलीन की पतली सतह (25–30 माइक्रोन) बिछा कर भूमि का तापक्रम बढ़ाया जाता है। यह भूमि के साधारण अवस्था के तापक्रम से 6–10 डिग्री सेन्टीग्रेड अधिक रहता है जिससे हानिकारक जीवाणुओं की तादाद में अप्रत्याशित रूप से कमी हो जाती है।

भूमि सौरीकरण की इस धारा से सदियों पूर्व ही देश के दक्षिणी राज्यों के किसानों में रोग कारक बीजाणुओं को मारने के लिये सूर्य की तेज गर्मी को काम लेना शुरू कर दिया था। अप्रेल–जून की तेज गर्मी से पहले ही खेतों को जोत दिया जाता था ताकि नीचे की मिट्टी ऊपर आ जाए। इससे कई प्रकार के भूमिजनित कीटाणु नष्ट

हो जाते थे। करीब 45 वर्ष पूर्व ही पंजाब में गेहूं के संक्रमित बीजों को तेज धूप में कुछ घंटे पानी में भिगोकर रखने के बाद सूखाकर बोने के काम में लिया गया (1934 जे.सी. लूथरा)। यह गेहूं के एक प्रमुख रोग अनावृत्त कण्डुआ के रोकथाम के लिये आज भी प्रभावशाली है।

इस विधि को और अधिक प्रभावशाली बनाने के लिये सरसों, गोभी, मूली, तारामीरा के अवशेष या सरसों, नीम व शुम्ला आदि की खली भी सौरीकरण से पहले एक टन या थोड़ी कम मात्रा में प्रति हैक्टेयर की दर से मिला दी जाती है।

फफूंद या सूत्रकृमियों के तन्तु भूमि की निचली सतह पर भी पाए जाते हैं, जबकि भूमि सौरीकरण से भूमि की 15 से.मी. सतह पर तापक्रम ही बढ़ता है। इस विधि का फायदा निचली सतह पर लेने के दो तरीके हैं या तो सौरीकरण की अवधि बढ़ाई जाए अथवा अन्य प्रभारी उपचारों का सौरीकरण के साथ समायोजन किया जाए। कुछ कार्बनिक संशोधन जैसे– फसलों के अवशेष, कम्पोस्ट, कुक्कुट खाद या कम मात्रा में रासायनिक फफूंद व सूत्रकृमि नाशक दवाइयों को भूमि सौरीकरण से पहले भूमि की 30 सेमी की सतह पर समुचित मात्रा में मिला दिया जाता है जो जीवाणुओं के तन्तुओं को मारने में सहायक होती है। अधिकतर प्रयोगों के बाद में किसानों के खेतों में भी यह देखा गया है कि प्रभावी अवशेषों के समावेश से भूमि में सौरीकरण के बाद मित्र फफूंदों जैसे– *ट्राईकोडरमा हारजेनियम, एसपरजीलस वरसीकोलर, बैसीलस टेलेरोमाइसीस* आदि की तादाद में अप्रत्याशित रूप में वृद्धि होती है, जिससे हानिकारक फफूंदों की वृद्धि स्वत: ही रूक जाती है।

भूमि सौरीकरण को उपयोग में लाने के लिये केन्द्रीय शुष्क क्षेत्र अनुसंधान संस्थान, जोधपुर में काफी उल्लेखनीय कार्य हुआ है। सरसों व गोभी के बचे हुए अवशेषों को भूमि में मिलाकर सौरीकरण करने से हानिकारक फफूंदों को निचली सतह पर भी कम किया गया। भूमि सौरीकरण से एक और फायदा यह है कि खेत में खरपतवारों की संख्या में भी काफी कमी आती है।

विश्व के कई देशों में व आजकल भारत में भी पॉली हाऊस व ग्रीन हाऊस में व्यावसायिक स्तर पर मंहगी सब्जियाँ व सजावटी फूलों की बड़े पैमाने पर खेती की जा रही है। इन पौधों में भूमि जनित रोगों से काफी नुकसान होता है पर पॉलीहाउस की मिट्टी को बार–बार बदलना संभव नहीं है। अत: इस मिट्टी को भी रोगों से मुक्त करने के लिए आजकल भूमि सौरीकरण का प्रचलन काफी ज्यादा हो रहा है।

इस प्रक्रिया की शुरूआती लागत अधिक आती है। इस कारण भारत में इसके प्रचलित होने में सबसे बड़ी बाधा है। एक हैक्टेयर जमीन पर पॉलीइथाइलीन परत

बिछाने की लागत कम से कम 12 से 15 हजार रूपये पड़ती है क्योंकि एक पॉलीथिन करीब दो बार काम में आ जाती है। परन्तु पौधशाला में एक पौध क्यारी को ढकने के लिए कम पॉलीथिन चाहिये और वह मिट्टी काफी सारी थैलियों को भरने के लिए पर्याप्त रहती है। अत: सिर्फ 30–35 रुपये का खर्चा आता है। यह प्रक्रिया अधिक आमदनी देने वाली फसलों जैसे– जीरा, मिर्च, कपास, गन्ना, तम्बाकू, चाय, कॉफी, आलू के लिये काफी फायदेमंद है।

पिछले 20–22 वर्षों में जिस तेजी से भूमि सौरीकरण का प्रचलन पूरे विश्व में हुआ है, वह इस बात का प्रतीक है कि यह तकनीक बहुत प्रभावशाली है।

OOO

फसल चक्र

किसी निश्चित क्षेत्र में नियत अवधि में फसलों को इस क्रम में उगाया जावे कि भूमि की उर्वरा शक्ति कम से कम क्षीण हो और अधिक से अधिक उपज मिले, फसल चक्र कहलाता है। फसल चक्रों का नियोजन करने से पूर्व जलवायु, भूमि, सिंचाई, मानव व पशु शक्ति की उपलब्धता, घरेलू व बाजार की आवश्यकता, यातायात की सुविधा व अन्य क्षमताओं का ध्यान रखना जरूरी है। पौध संरक्षण में फसल चक्र एक बहुत ही जरूरी कृषि प्रक्रिया है। अधिकतर फसलों को भूमि जनित फफूंदों से लगने वाले रोग जैसे- जड़ गलन, आर्द्र गलन, उखटा आदि से 20-50 प्रतिशत तक नुकसान हो जाता है। यह रोग भूमि में ही रहने वाली फफूंदों जैसे- *फ्यूजेरियम, मेक्रोफोमिना, गेनोडर्मा, राइजोक्टोनिया* आदि से उत्पन्न होते हैं। एक नये खेत में पहली बार एक फसल लगाने के समय ये रोग बीज के साथ पौधों के अंकुरण के समय जड़ों में फैलती जाती है व जड़ों से ही अपना भरण-पोषण करती है। धीरे-धीरे ये फफूंदें जड़ों के उस भाग में बाधा उत्पन्न कर देती है जहाँ से जड़ें पौधे को जमीन से पानी उपलब्ध कराती हैं। जब पौधे को पानी नहीं मिलता है तो वो धीरे-धीरे सूख कर मर जाता है। अधिकतर रोग ग्रसित जड़ें जमीन में ही रह जाती है, जो धीरे-धीरे विघटित होती है। इस विघटन के समय ये फफूंदें अपने जीवन चक्र की उस स्थिति में पहुंच जाती है जिसमें ये बिना जड़ के भी काफी समय तक जिन्दा रह सकती है इन्हें हम *क्लेमाईडोस्पोरस स्केलोरोशिया* आदि कहते है। ये संरचनाएं इस तरह भूमि में रह जाती है व वापिस अपने मेजबान यानि फसल का इन्तजार करती रहती है। यदि उसी खेत में पुन: उसी फसल को लगाया जाये तो ये संरचनाएं अपनी पुन: स्थिति में आकर आक्रमण करके ज्यादा पौधों में रोग फैलाती है। इस तरह यदि एक ही खेत में लगाकर एक ही फसल में होते रहे नुकसान से 3-4 वर्ष में पैदावार न के बराबर ही होती है।

इस नुकसान को ध्यान में रखते हुये, खेत में एक नियोजित तरीके से फसल चक्र अपनाया जाना चाहिये क्योंकि जो फफूंद एक फसल पर रोग करती है वह जरूरी नहीं है कि दूसरी फसल पर भी रोग करें। शुष्क क्षेत्रों में अधिकतर ली जाने वाली फसल जीरा इसका एक ज्वलंत उदाहरण है। इस फसल में उखटा रोग लगता है जो *फ्यूजेरियम* नामक फफूंद से होता है। इसके रोकथाम के लिये किसान अपने खेत में फसल चक्र अपनाते हैं ताकि रोग की फफूंद तेजी से नहीं फैले। हालांकि इस फफूंद

के क्लेमाइडोस्पोर 10 वर्ष से भी ज्यादा जिंदा रह जाते हैं लेकिन यदि हम गेहूँ–सरसों–जीरा का फसल चक्र अपनायें व सरसों के कटने के बाद का सारा कचरा खेत में ही दबाकर तेज गर्मी के समय पानी दे देवें इससे *फ्यूजेरियम* के क्लेमाईडोस्पोर की तादाद में काफी कमी हो जाती है। इस खेत में अगले वर्ष जीरे की खेती करनी चाहिये। इस तरह की फसल चक्र में हर फसल की उत्पादन क्षमता अच्छी बनी रहती है।

ऐसे ही, शुष्क क्षेत्रों में बाजरा की फसल लगातार ली जाती है जिससे इसका उत्पादन कम होता जा रहा है। दूसरा, ग्रीन ईयर या तुलासिता रोग का प्रकोप बढ़ता जाता है। दूसरी तरफ एक ही खेत में लगातार दलहनी फसलें लेने से शुष्क जड़ गलन रोग व *मेक्रोफोमिना फेजीयोलीना* नाम फफूंद की तादाद में वृद्धि हो जाती है। अनुसंधान के नतीजे से यह पता चला है कि बाजरा–ग्वार–बाजरा या बाजरा–मूंग–बाजरा का फसल चक्र अपनाने से दोनों ही फसलों की उत्पादकता में वृद्धि होती है व दोनों ही फसलों के रोग कम हो जाते हैं। क्योंकि दलहनी फसलों में तुलासिता नहीं लगती है व बाजरा में शुष्क जड़ गलन नहीं लगता है। दलहनी फसलों द्वारा भूमि में नत्रजन की मात्रा में वृद्धि होती है जिससे बाजरा में फायदा रहता है।

फसल चक्र अपनाने का फायदा सूत्रकृमि वाले जड गांठ रोग में भी है। कई सब्जियों व फसलों में यह रोग ज्यादा लगता है। सूत्रकृमि की संख्या को खेत में कम करने के लिये फसल चक्र में उन फसलों को शामिल किया जाता है जिन पर यह रोग नहीं लगता हो।

कई ऐसे रोग जिनकी फफूंद फसल के कचरे पर जिन्दा रह जाती है व वापिस वहीं फसल लगाने पर पुनः बीमारी फैलाती है। ऐसे रोगों को रोकने के लिये फसल चक्र में दूसरी फसलों को शामिल किया जाता है जिन पर यह फफूंद नहीं लगती हो। उदाहरण के तौर पर जीरे की फसल रोग *अल्टरनेरिया ब्रन्साई* नामक फफूंद से होता है। यह जीरे के कचरे पर जिन्दा रह जाती है। इसी तरह सरसों के रोग सफेद रोली, तुलासिता व झुलसा की फफूंदें भी सरसों के कचरे पर जिन्दा रह जाती है। दोनों ही फसलों की फफूंदें एक दूसरे पर नहीं लगती है। अतः सरसों को फसल चक्र में अपनाया जाये तो भी हर फसल को फायदा रहता है। कुछ फफूंदों का जीवन–काल लम्बे समय का नहीं होता है। यह सूचना अगर वैज्ञानिक तरीके से उपलब्ध हो तो उस फफूंद की मेजबान फसल को उतने समय तक नहीं लगानी चाहिये।

कुछ परजीवी रोगों से फसलों में होने वाले नुकसान को बचाने के लिये भी फसल चक्र में दूसरी फसलों का समावेश किया जाता है। टमाटर व सरसों की फसलों को रूखड़ी (ओरोबेंकी) से काफी नुकसान होता है। इन फसलों की जड़ों से निकलने

वाले कुछ रसायनों की वजह से ही इस परजीवी के बीज अंकुरित होते हैं। फसल चक्र में अगर गेहूं, जीरा, इसबगोल का समावेश किया जाये तो ओरोबंकी की समस्या काफी कम की जा सकती है।

फसल–चक्र में फसलों के समावेश के समय कुछ विशेष बिन्दुओं का ध्यान रखना चाहिए–

- दूसरी फसलों की पानी व खाद की आवश्यकता जैसे– यदि जीरे की फसल को रोगों से बचाने के लिये यदि फसल–चक्र में मिर्च शामिल की जाये तो उचित नहीं होगा क्योंकि मिर्च में सिंचाई की जरूरत अन्य फसलों से 5–6 गुना है।
- दूसरी फसल से होने वाले आर्थिक लाभ का वर्तमान फसल के आर्थिक लाभ के तुलनात्मक अध्ययन।
- दूसरी फसलों में लगने वाले रोगों से होने वाले नुकसान का आंकलन। यदि एक ही खेत में *फ्यूजेरियम* व *सूत्रकृमि* का प्रकोप पिछले वर्षों में ज्यादा रहा तो फसल चक्र में सब्जियों का समावेश नहीं करना चाहिये।
- किसान की आर्थिक, सामाजिक व अन्य जरूरतों का व्यावहारिक ज्ञान।
- फसल–चक्र में शामिल फसलों के अवशेषों से भी किसान को अपने ही पशुओं के चारे की व्यवस्था करनी होती है। यदि फसल चक्र में ऐसी फसलों का समावेश हो जिनके अवशेष पशु नहीं खाते हैं तो यह किसान के लिये तभी उपयुक्त है जब फसल से इतना आर्थिक लाभ हो जाये कि वह चारा खरीद सके।

इन सब बातों का ध्यान रखते हुये एक टिकाऊ फसल चक्र अपनाया जाये तो न सिर्फ किसान को आर्थिक लाभ बल्कि भूमि का शोषण भी कम होगा। कई बार भूमि के शोषण को रोकने के लिये एक मौसम में खेत को खाली भी छोड़ा जा सकता है।

मिश्रित व अन्तः खेती

एक ही ऋतु में खेत में एक साथ दो या दो से अधिक फसलों को उगाना ही मिश्रित खेती कहलाता है। मिश्रित फसलों के बोने, पकने तथा काटने का समय लगभग एक ही होता है। बुवाई से पूर्व सभी फसलों के बीज एक साथ मिलाकर छिटकवां अथवा कतारों में खेत में बो देते हैं। शुष्क क्षेत्रों में इस कृषि प्रणाली का चलन सदियों से चला आ रहा है। किसानों ने अपने अनुभव से बीजों को किस अनुपात में कब मिलाना है यह भी तय कर रखा है। जब वर्षा जल्दी होती है तो बाजरे का अनुपात ज्यादा रख कर अन्य फसलों के बीज जैसे– तिल, मोठ व मूंग को कम रखते हैं। लेकिन यदि वर्षा समय पर हो तो तिल का अनुपात थोड़ा–सा बढ़ा दिया जाता है। पर यदि वर्षा थोड़ी–सी देर से हो तो दलहनी फसलों के बीज का अनुपात बढ़ा दिया जाता है व वर्षा अगर और भी देर से हो तो सिर्फ मोठ या ग्वार को ही बोया जाता है। यह कृषि प्रणाली अनिश्चित वर्षा वाले क्षेत्रों में एक तरह से फसल सुरक्षा का साधन है ताकि किसान को अपने खेत से कुछ न कुछ तो मिल सके। दूसरा दलहनी फसलों द्वारा सचिंत नत्रजन अन्य फसलों को प्राप्त हो सके। ये फसलें भूमि से अलग अलग सतहों से पानी व पोषक तत्त्व प्राप्त करती है जिससे पानी का भी समुचित उपयोग हो जाता है।

मिश्रित फसलों को बोने का बड़ा फायदा खेत में विभिन्न प्रकार की बिमारियों को फैलने से रोकना भी है। मोठ में लगने वाले विषाणु रोग को फैलाने वाले कीट को भोजन नहीं मिल पाता क्योंकि साथ में बाजरा की फसल लगी होती है जिस पर यह रोग नहीं लगता है। दूसरी तरफ बाजार में लगने वाली तुलासिता के तन्तु हवा से अगर तिल, मोठ या ग्वार पर फैलते भी है तो इन फसलों पर यह रोग लगने के कारण नुकसान नहीं होता है। इसी तरह कपास व मोठ, ज्वार व मोठ की मिलवां खेती से दोनों ही प्रकार की फसलों में लगने वाले रोगों की मात्रा काफी कम हो जाती है। इसी प्रकार मूंगफली व मोठ के साथ लगाने से मूंगफली में गलन रोग कम लगता है। मूंगफली में बाजरा व अरण्डी को कतारों में अलग अलग बोने से मूंगफली में लगने वाले विषाणु रोग कम लगते हैं।

पश्चिमी राजस्थान में मिर्ची के साथ–साथ अरण्डी को बोने से मिर्ची को पाला लगने से बचाया जा सकता है। दूसरा प्रमुख फायदा यह है कि मिर्ची में विषाणु रोग का

प्रकोप भी कम हो जाता है। सब्जियों की खेती में साथ साथ गेंदा लगाने से सब्जियों में लगने वाला जड़ गांठ रोग काफी कम हो जाता है क्योंकि गेंदे की जड़ों से निकलने वाला तत्त्व सूत्रकृमियों के लिये नुकसान दायक है। इस प्रकार की खेती से शुष्क क्षेत्र के किसान अपनी आमदनी भी बढ़ा रहे है।

फलों के साथ–साथ दलहनी फसलों की खेती भी शुष्क क्षेत्रों में काफी फायदेमंद साबित हुई है। इस प्रकार की कृषि प्रणाली में बेर की कतारों के बीच की 6 मीटर दूरी में तिल, मूंग, मोठ या ग्वार को उगाया जाता है। दोनों ही फसलों/पेड़ों को भूमि से पानी अलग–अलग सतह से मिलता है जिसके कारण उपज पर प्रतिकूल प्रभाव नहीं पड़ता है व कुल आमदनी भी ज्यादा होती है। दलहनी फसलों में विषाणु रोग की मात्रा भी कम हो जाती है व बेर को थोड़ा नत्रजन भी मिल जाता है। घास के चरागाह में मोठ की खेती करने से भी मोठ में विषाणु रोग (*येलो मोजेक*) का प्रकोप कम किया जा सकता है।

इस प्रकार की कृषि पद्धति में सबसे ध्यान देने वाली बात यह है कि किस प्रकार की फसलों का समन्वय किया जाए। कुछ फसलों के मिश्रण से दोनों या तीनों फसलों में कीट व रोगों का प्रकोप अधिक पाया गया है। अतः सही फसलों का चुनाव जरूरी है। दूसरा आकंलन आर्थिक लाभ का करना है, क्योंकि यदि सिर्फ एक ही फसल लगाई जाये व उससे होने वाला फायदा मिश्रित खेती से ज्यादा है तो यह भी ध्यान रखना जरूरी है।

○○○

बीजोपचार

पौध संरक्षण की सबसे सस्ती व व्यावहारिक कृषि क्रियाओं में बीज का उपचार एक महत्त्वपूर्ण प्रक्रिया है। बीज के अन्दर या सतह पर रोग फैलानी वाली फफूंदों या जीवाणु के होने का पता कई बार बीज को देखकर नहीं लग सकता है। इसका पता तो तब ही लग पाता है जब पौधे का अकुंरण होता है व पौधा रोग ग्रसित हो जाता है। इस तरह के रोगों से खेत में न सिर्फ स्वस्थ पौधों की संख्या कम हो जाती है बल्कि खेत में कई पौधे तो और अन्य पौधों में बिमारी भी फैला देते हैं। स्वस्थ पौधों से बीज लेकर अगले साल बोने की परंपरा तो हमारे देश में काफी समय से प्रचलित है। लेकिन विज्ञान में पिछले 5 दशक में की गई शोधों से कई प्रकार के बीज उपचार के तरीकों को खोजा गया है जिनसे न सिर्फ रोग ग्रसित बीज का उपचार हो जाता है बल्कि स्वस्थ बीजों में भी अच्छा अकुंरण होता है। बीजोपचार के लिये अब कई प्रकार के फफूंद नाशक, कीटनाशक, मित्र फफूंद, मित्र जीवाणु व जीवाणु खाद उपलब्ध है। इसके अलावा कुछ और तरीके भी है जिनसे बीज का उपचार किया जा सकता है।

सूर्य की गर्मी से उपचार : इस विधि को पंजाब में गेहूं के कण्डुआ रोग के उपचार के लिये करीब 50 वर्ष पूर्व खोजा गया था। इसमें तेज गर्मी के दिन सुबह 8 से 12 बजे तक गेहूं के बीजों को एक लोहे के खुले बर्तन में पानी में डुबाकर धूप में रख दिया जाता है। उसके बाद एक साफ टाट या त्रिपाल पर इन बीजों को 4 बजे तक धूप में ही छोड़ दिया जाता है। ऐसा करने से बीज के अन्दर या बाहर रह रहे सुप्त अवस्था के फफूंद के तन्तु सक्रिय होकर तेज गर्मी से मर जाते हैं। यह तरीका शुष्क व अर्ध शुष्कक्षेत्रों में बीज के उपचार के लिये काफी प्रभावशाली है, क्योंकि इन क्षेत्रों में अप्रेल से जून तक तेज गर्मी (40–47 डिग्री सेन्टीग्रेड) रहती है जो ग्वार, मूंग, मोठ, बाजरा, तिल आदि के बीजों के उपचार के लिये काफी उचित है।

गर्म पानी से उपचार : गर्म पानी से बीजों के उपचार के इस तरीके में बीजों को 56 डिग्री सेन्टीग्रेड तक 10 मिनट के लिये गर्म किया जाता है जिससे बीज में रह रहे रोग के तन्तु नष्ट हो जाते हैं। यह उपचार ग्वार में शाकाणु झुलसा (*बेक्टीरियल ब्लाईट*) के लिये काफी प्रभावी रहता है। इस तरह के उपचार में गर्म पानी का तापक्रम व बीज को उसे सहन करने की क्षमता का ज्ञान बहुत जरूरी है।

लवणीय पानी से उपचार : यह उन रोग ग्रसित बीजों के लिये उपयुक्त रहता है जो स्वस्थ बीजों के मुकाबले भार में हल्के होते हैं। इस उपचार को बाजरा के गुंदिया रोग के उपचार के लिये काफी समय से काम में लिया जा रहा है इस रोग के तन्तु (*स्कलेरोशिया*) स्वस्थ बीजों के साथ मिले होते हैं। उन्हें अलग करने के लिये बीजों को 20 प्रतिशत नमक के घोल में डुबा दिया जाता है जिससे हल्के बीज तैरकर सतह पर आ जाते हैं। नीचे बैठ गये स्वस्थ बीजों को बाद में निकाल कर छाया में सुखाकर बोने के काम में लिया जा सकता है।

फफूंद नाशकों से उपचार : फफूंद नाशकों से उपचार के इस तरीके में बीजों को एक मटके या ड्रम में डालकर फफूंद नाशकों की 2 या 3 ग्राम मात्रा एक किलो बीज के हिसाब से ऊपर से भुरका कर कुछ छींटे पानी के देकर बीजों को पूरी तरह से फफूंदनाशकों से मिला दिया जाता है जिससे हर एक बीज पर फफूंदनाशक की एक पतली तह जम जाती है। इसके लिये कई प्रकार के फफूंद नाशक उपलब्ध है जैसे– थिराम, कार्बेन्डेजिम, केप्टान, आदि। बाजरा की तुलासिता रोग के लिये बीजों को 2 ग्रामप्रति किलोग्राम मेटालेक्सिल (एप्रोन) नामक फफूंद नाशक से उपचारित किया जाता है। इसी तरह दलहनी फसलों में शाकाणु झुलसा रोग के लिये बीजों को स्ट्रप्टोसाइक्लीन (एक ग्राम 4 लीटर पानी में) से दो घन्टे तक उपचारित करके छाया में सुखाने के उपरान्त काम में लिया जाता है।

मित्र फफूंदों से उपचार : विगत कुछ वर्षों में रासायनिक दवाओं से उपचार करने की जगह मित्र फफूंदों से उपचार करने का चलन काफी बढ़ गया है। इसका प्रमुख कारण यह है कि इस तरह के उपचार से मित्र फफूंद बीज के साथ पौधों की जड़ों या भूमि में भी स्थापित हो सकती है, दूसरा पौधों को रासायनिक दवाओं से दुष्प्रभाव से भी रोका जा सकता है। मित्र फफूंदों में प्रमुख है *ट्राईकोडर्मा हारजेनियम, ट्राईकोडर्मा विरीडी, एस्परजीलस वरसीकोलर, सुडोमोनास* आदि। इनके जैविक सूत्रीकरण की 4 ग्राम मात्रा प्रति किलोग्राम बीज बुवाई से 5–6 घन्टे पहले मिला दी जाती है। केन्द्रीय शुष्कक्षेत्र अनुसंधान संस्थान (काजरी), जोधपुर में *ट्राईकोडर्मा हारजेनियम* मरू सेना 1 व *एस्परजीलस वरसीकोलर* मरू सेना 2 के नाम से उपलब्ध है। इसके अलावा राज्य सरकार द्वारा संचालित समन्वित कीट प्रबंधन प्रयोगशालाओं में भी विभिन्न मित्र फफूंदें मिलती है।

जीवाणु बीजोपचार : कुछ लाभदायक जीवाणु जैसे– *राईजोबियम एजेटोबेक्टर, एजोस्पाईरीलम* आदि से भी बीजों का उपचार किया जाता है जिनसे जमीन में नत्रजन की मात्रा बढ़ जाती है या जड़ों में ही नत्रजन मिल जाता है। इसी तरह फास्फोरस घोलने वाले जीवाणुओं से भी बीज उपचारित किया जाता है। केन्द्रीय

शुष्कक्षेत्र अनुसंधान संस्थान, जोधपुर से एक नया जीवाणु *बेसीलस फरमस* की खोज की गई है, जो जड़गलन रोग कम करता है। साथ में दलहनी फसलों में नत्रजन ग्रंथिया भी बढ़ाता है। इनको बीजों से उपचारित करने के लिये गुड़ के घोल (125 ग्राम + 1 लीटर पानी में) में इनका मिश्रण डालकर बुवाई से 5–6 घन्टे पहले बीजों के उपर अच्छी तरह मिला दिया जाता है। यदि कीटनाशक व फफूंद नाशक से भी उपचारित करना हो तो क्रम फफूंद नाशक, कीट नाशक व जीवाणु का रखना चाहिये। अर्थात् एफ.आई.आर. नियम अनुसरण करना चाहिये।

गामा विकिरण द्वारा : कुछ बीजों की सतह पर फफूंदों की संख्या कम करने के लिये उन्हें गामा विकिरण की हल्की मात्रा से गुजारने से काफी फफूंद कम हो जाती है जिसकी वजह से बीज को काफी समय तक बिना नुकसान के रखा जा सकता है। यह क्रिया जीरे के निर्यात के लिये काफी उपयोगी सिद्ध पाई गई है।

इन सभी तरह के बीजोपचार से स्वस्थ फसल प्राप्त होकर प्रति हैक्टेयर ज्यादा पैदावार ली जा सकती है। पौध संरक्षण का यह सरल व सस्ता उपाय है।

ООО

मित्र फफूंद तथा मित्र जीवाणु

देश की बढती हुई जनसंख्या के कारण कृषि की दृष्टि से आजकल शुष्कक्षेत्रों को महत्ता दी जा रही है। इन क्षेत्रों में बाजरा, ज्वार, मोठ, ग्वार, मूंग, जीरा, इसबगोल, सरसों आदि फसलों का उत्पादन होता है। लगभग 50 प्रतिशत फसलों को नुकसान भूमि जनित रोगों जैसे– जड़गलन, बीजगलन, उखटा रोगों से होता है। फसलों में लगे इन रोगों के कारण पैदावार घट जाती है। बीज जनित तथा भूमि जनित रोग *मेक्रोफोमिना फेजीयोलीना, फ्यूजेरियम, गेनोडर्मा व राइजोक्टोनिया* आदि फफूंदों से होते हैं। इन वर्षों में ऐसे अनेकानेक तरीके विकसित किये गये है जिनके प्रयोग से उपयुक्त समस्याओं का समाधान किया जा सकता है। फसलचक्र, भूमि सौरीकरण, जैविक नियंत्रण, गर्मी की जुताई, प्रतिरोधक किस्में, रासायनिक विधि के इस्तेमाल से इन समस्याओं से मुक्ति पाई जा सकती है। रासायनिक विधि के अधिक प्रयोग से किसानों को विभिन्न समस्याओं का सामना करना पड़ रहा है। रासायनिक विधि के विकल्प के रूप में जैविक खाद का उपयोग किया जा सकता है। प्रकृति ने समस्याएं दी है तो समाधान भी स्वयं ही दिये है, जो वैज्ञानिक तरीकों की मदद से अपनाये जा सकते है। इन्हे हम जैविक नियंत्रण का नाम देते हैं। मिट्टी में ही कुछ ऐसे फफूंद तथा जीवाणु पाए जाते हैं जो कि भूमि जनित तथा बीज जनित रोगों से पौधों की रक्षा करते हैं।

इस तरह की फफूंद को मित्र फफूंद कहते हैं। मित्र फफूंद पौधों की हानिकारक फफूंद से मुकाबला कर परजीविता कायम कर तथा विरोधी जीवाणु बना कर फसलों की पैदावार में वृद्धि करते हैं।

कुछ प्रमुख मित्र फफूंद जो कि मरुप्रदेश की भूमि में पाए जाते हैं वो इस प्रकार हैं–

ट्राईकोडर्मा हारजेनियम तथा ट्राईकोडर्मा विरडी :–

ये दोनों प्रमुख मित्र फफूंद है जो कि दलहनी व तिलहनी फसलों के जड़ गलन व उखटा रोगों की रोकथाम के लिए पूरे विश्व में उपयोगी सिद्ध हुई है। ये मित्र फफूंद *पीथीयम, फ्यूजेरियम, राइजोक्टोनिया, मेक्रोफोमिना* जैसी कई हानिकारक फफूंदों से पौधों की रक्षा करती है। इस फफूंद को उपयोग में लेते हुये केन्द्रीय शुष्कक्षेत्र अनुसंधान संस्थान (काजरी), जोधपुर द्वारा बनाई गई मरुसेना–1 है जिससे पौधों

का अंकुरण व फैलाव उत्तम होता है तथा पौधों पर भूमि जनित रोगों का प्रभाव भी कम होता है। मरुसेना–1 को मींगनी या गोबर की खाद में मिलाकर पूरे खेत में बिखेरा जा सकता है।

बेसीलस फरमस :–

यह एक मित्र जीवाणु है। मूंग, चंवला, ग्वार, मोठ, आदि दलहनी फसलों के जड़ गलन रोग के रोकथाम के लिए पश्चिमी राजस्थान की भूमि से निकाला हुआ लाभदायक जीवाणु है। यह 45 °C तक का तापमान जो कि मरुप्रदेश मे अधिकतर बना रहता है, में भी अपनी संख्या की वृद्धि कर सकता है केन्द्रीय शुष्कक्षेत्र अनुसंधान संस्थान, द्वारा शोध कर बनाए गए मरूसेना–3 के पैकेट कृषि तकनीकी सूचना केन्द्र (एटिक) से खरीदे जा सकते हैं।

एस्परजीलस वरसीकोलर :–

यह एक मित्र फफूंद है यह भी मूंग, चंवला, ग्वार, मोठ आदि दलहनी फसलों के जड़गलन जीरे के उखटा रोग की रोकथाम के लिये पश्चिमी राजस्थान की भूमि से निकाला गया है। इसके द्वारा बीजोपचार से पौधों का अंकुरण व फैलाव उत्तम होता है व रोग का प्रकोप भी कम होता है। यह मित्र फफूंद 62 °C तक का तापमान तथा मिट्टी में कम नमी जो कि मरू प्रदेश का सामान्य वातावरण है इसमें भी अपनी संख्या में वृद्धि कर सकता है। केन्द्रीय शुष्कक्षेत्र अनुसंधान संस्थान, जोधपुर द्वारा नीम कम्पोस्ट की मदद से बनाए गए इसके मिश्रण से फफूंद रोगों से लड़ने के लिए सफल साबित हुआ है। यह मरूसेना–2 के नाम से किसानों के लिए उपलब्ध (एटिक पर) है।

मित्र फफूंदों का प्रयोग एक सफल जैविक प्रक्रिया है जो कि अन्य रासायनिक प्रक्रियाओं से ज्यादा असरदार व सस्ती है। आजकल पूरे विश्व में इसका प्रयोग बढ़ता जा रहा है व अधिकतर जगह यह लाभकारी सिद्ध हुआ है। किसान भाई इसके निरन्तर उपयोग से नगदी फसलों के उत्पादन से अच्छी आमदनी अर्जित कर सकते हैं व एक ही खेत में नगदी फसलों के द्वारा कई बार खेती कर सकते हैं।

मिश्रित मरूसेना:

यह मित्र फफूंद *ट्राइकोडर्मा हारजियानम* तथा मित्र जीवाणु *बेसीलस फरमस* का जैविक सूत्रीकरण कई प्रकार की फसलों जैसे– ग्वार, मूंग, मोठ, चवला व तिल में लगने वाले शुष्क जड़ गलन रोग के नियंत्रण के लिए बहुत उपयोगी है। इस मिश्रित सूत्रीकरण की सबसे बड़ी विशेषता यह है कि दोनों जैव नियंत्रक पौधों की वृद्धि व

नत्रजन ग्रंथियां बढ़ाने में सहायक है। दोनों के मिश्रित सूत्रीकरण में आपसी सामंजस्य होने कारण मित्र जीवाणु जड़ों में ज्यादा संख्या में मौजूद रह सकता है। इस मिश्रित सूत्रीकरण का पौधों पर व वातावरण पर कोई हानिकारक प्रभाव नहीं पड़ता है।

विशेषताएँ :

- इस जैविक सूत्रीकरण के निरन्तर प्रयोग से मृदा में लाभदायक सूक्ष्मजीवों की संख्या में बढ़ोतरी होती है।
- इसमें उपस्थित मित्र जीवाणु पौधों की जड़ों में स्थापित होकर जड़ों में उपस्थित रोगकारक फफूंद की वृद्धि को रोकता है तथा दूसरा मित्र फफूंद पौधों की वृद्धि में सहायक है।
- मृदा में उपस्थित आवश्यक पोषक तत्त्व जो कि फसल को सीधे प्राप्त नहीं होते हैं। उन्हें भी यह आसानी से उपलब्ध कराने में सहायता करता है।
- इस जैविक सूत्रीकरण का सबसे बड़ा लाभ यह है कि ये फसल या भूमि में किसी प्रकार का दुष्प्रभाव नहीं छोड़ता है।

मिश्रित मरूसेना से बीजोपचार की विधि :

बीजोपचार के लिए सर्वप्रथम बाल्टी में एक लीटर या आवश्यकतानुसार पानी लेकर उसमें 75 ग्राम गुड़ व मिश्रित मरूसेना का एक पैकेट (200 ग्राम) मिलाकर अच्छे से घोल बना लें। अब इस घोल में एक किलोग्राम बीज डालकर अच्छी तरह से मिला ले। इसके बाद इन उपचारित बीजों को 30–45 मिनट के लिए छाया में सुखा दें। अच्छी तरह से सूखने के तुरन्त बाद इन बीजों को बुवाई के लिए काम में लेना होगा।

○○○

कम्पोस्ट

विश्व भर में किये गये अनुसंधानों से कृषि में प्रयोग में आने वाले रासायनिक पदार्थों आदि से ओजोन की सतह पर भी हानिकारक प्रभाव देखा गया है। खासतौर से मिथाईल ब्रोमाइड के प्रयोग को तो अब खतरनाक घोषित कर दिया गया है। इन सबसे पृथ्वी की पारिस्थितिक श्रृंखला पर भी विपरीत असर हुआ है। रासायनिक पदार्थों के उपयोग से उत्पादित खाद्य पदार्थों से मनुष्यों, जानवरों व पक्षियों में कई प्रकार की नई–नई व घातक बीमारियों की उत्पत्ति हुई है। साथ ही मृदा में उपस्थित लाभदायक सूक्ष्म जीवों की संख्या में दिन प्रतिदिन कमी हो रही है। कृषि का मूल आधार स्वस्थ भूमि, शुद्ध जल तथा जैव विविधता में निहित है। अब वैज्ञानिक, प्रशासकों व राजनीतिज्ञों को यह महसूस होने लगा है कि रासायनिक कृषि प्रणाली अधिक टिकाऊ व निरंतर बनी रहने वाली प्रणाली नहीं है। अब इसका एक ही विकल्प है कि कार्बनिक खेती को अधिक से अधिक उपयोग में लाकर फसल उत्पादन में वृद्धि करें ताकि वातावरण को प्रदूषित होने से बचायें व मृदा का और अधिक ह्रास न हों। पौधों के सुपोषण के लिए व बीमारियों की रोकथाम के लिए जैविक पोषण को बढ़ावा दें।

देशी खाद की ओर जैविक पोषण विभिन्न माध्यमों से पौधों का उपलब्ध कराये जा सकते है। गोबर की खाद, कम्पोस्ट, हरी खाद, खलियां, राख, हड्डी का चूरा, फसलों के अवशेषों आदि तरीकों से भूमि को पोषण प्रदान किया जा सकता है। इसके अतिरिक्त *राईजोबियम, एजोटोबेक्टर, बैसीलस, माईकोराइजा* आदि जैव माध्यमों के प्रयोग से पौधों की वृद्धि व उपज को बढ़ाया जा सकता है। इन सब में कम्पोस्ट और वर्मी कम्पोस्ट द्वारा जैव पोषण प्रदान करना एक सस्ती, सरल और टिकाऊ प्रक्रिया है जिसमें सभी अनावश्यक अवशेषों का पूर्ण रूप से निस्तारण करके खेत में अधिक उत्पादन लिया जा सकता है।

कार्बनिक पदार्थों में साधारणतया फसलों के बचे हुये डंठल, भूसा, गन्ने व कपास के अवशेष, पेड़ों की पत्तियां, पशुओं की बिछावन और शहरों के अवशिष्ट पदार्थों के उचित दोहन से कम्पोस्ट तैयार की जा सकती है। प्राचीनकाल से हमारे देश में इसका उपयोग कार्बनिक खाद बनाने के लिए किया जा रहा है। जिससे मृदा में नाइट्रोजन, फास्फोरस, पोटाश व अन्य आवश्यक सूक्ष्म तत्त्वों की पूर्ति होती है। हमारे

देश में करीब 200 करोड़ टन फसल अवशेषों का प्रति वर्ष उत्पादन होता है। काफी तो पशुओं के खाने के काम में आता जाता है, परन्तु काफी जला दिया जाता है या बिना सड़ाये खेतों में मिला दिया जाता है जिससे न केवल मृदा जनित बीमारियाँ व दीमक का प्रकोप बढ़ता है बल्कि मृदा की रासायनिक दशा व पर्यावरण पर भी विपरीत असर पड़ता है। अतः मृदा को स्वस्थ रखने के लिए पानी की कमी वाले क्षेत्रों में कम्पोस्ट द्वारा फसल अवशेषों से एक अच्छी कार्बनिक खाद तैयार की जा सकती है। राजस्थान में घास, पेड़ों की पत्तियां, आक, विलायती बबूल, पंजाब व हरियाणा में धान, गेहूं, उत्तर प्रदेश में गन्ना, पश्चिमी बंगाल में धान व जूट, कर्नाटक व केरल में नारियल, महाराष्ट्र में फलों व कपास तथा गुजरात में मूंगफली के अवशेषों का न काम में आने वाला भाग अगर कम्पोस्ट बनाकर खेतों में मिलाया जाये तो भूमि में रासायनिक उर्वरकों की कम मात्रा प्रयोग करनी पड़ेगी और मृदा जनित रोगों का प्रकोप भी कम होगा।

हमारे देश में कुल क्षेत्र का 12 प्रतिशत भाग शुष्क हैं जहाँ भूमि में कार्बनिक पदार्थ की कमी व कम वर्षा होने से फसलों का उत्पादन काफी कम होता है। इसके अलावा यहाँ मृदा जनित रोगों का प्रकोप भी ज्यादा होता है। इन रोगों में *मेक्रोफोमिना फेजीयोलीना* नामक फफूंद से उत्पन्न जड़ गलन रोग प्रमुख है, जो ग्वार, चंवला, मोठ, मूंग, तिल, ज्वार आदि फसलों में काफी मात्रा में होता है। कम वर्षा में इसका प्रकोप कई बार 40 से 50 प्रतिशत तक देखा गया है। इसके अलावा *फ्यूजेरियम* नामक फफूंद से भी उखटा रोग लगता है। जो जीरा, धनिया व कई फसलों का उत्पादन को काफी कम कर देता है। ऐसे रोगों की रोकथाम के लिए अभी रोगरोधक किस्में नहीं है। अतः कुछ कृषि क्रियायें जैसे– फसलचक्र, सफाई, मिश्रित खेती, स्वस्थ बीज, ग्रीष्मकालीन जुताई और मृदा का कार्बनिक संशोधन द्वारा भूमि को स्वस्थ रखकर इन रोगों का प्रकोप कम किया जा सकता है। भूमि के कार्बनिक संशोधन के लिए फसलों के अवशेषों को सीधे खेत में डालना भी यहां ज्यादा लाभप्रद नहीं है, क्योंकि कम पानी होने के कारण इनको सड़ने में काफी समय लग जाता है व इस दौरान खेत में दीमक का प्रकोप भी बढ़ जाता है। दूसरा, अवशेषों में कई प्रकार के रोग के जीवाणु भी होते हैं जो शायद फसलों में रोगों की मात्रा भी बढ़ा दें।

केन्द्रीय शुष्क क्षेत्र अनुसंधान संस्थान (काजरी), जोधपुर में फसल व अन्य अवशेषों से विभिन्न प्रकार के कम्पोस्ट बनाकर फसलों के जड़ गलन रोग की रोकथाम के प्रयास किये है व मृदा की जैविक पोषकता पर भी इनका असर देखा है। विभिन्न अवशेषों जैसे– नीम, आक, खरपतवार, विलायती बबूल, ग्वार, बाजरा आदि को काम में लेकर कम्पोस्ट बनाये गये हैं।

ऐसे बनायें कम्पोस्ट :

कम्पोस्ट बनाने के लिए एक मीटर गहरा, एक मीटर चौड़ा व 3 मीटर लम्बा गड्ढा खोदकर उसकी निचली सतह को गोबर व मिट्टी के मिश्रण से लेप दिया जाता है। उसके बाद 30 से.मी. सतह पौधों के अवशेषों से भर दी जाती है। इस सतह पर थोड़ा यूरिया व जिप्सम (आधा से एक किलोग्राम) बिखेर कर दो से तीन बाल्टी पानी डाल देते हैं। इसके ऊपर गोबर की खाद की एक सतह लगभग 10 से.मी. जमा देते हैं। इस तरह एक खड्डे में लगभग 4–5 सतहें फसल के अवशेषों व गोबर की खाद की बना ली जाती हैं। सबसे ऊपर लगभग 15 से.मी. गोबर और मिट्टी के मिश्रण की एक परत बना देते हैं। गड्ढा भरने के 15 दिन बाद पहली, 30 दिन बाद दूसरी व 60 दिन बाद तीसरी पलटी लगाते है, बीच–बीच में जब भी पानी की कमी हो तो उसे पूरा कर देते हैं। यह कम्पोस्ट लगभग 100–130 दिन में बनकर तैयार हो जाती है।

अच्छी सड़ी हुई कम्पोस्ट को खेत में 4 टन प्रति हैक्टर के हिसाब से मिट्टी की 15–30 से.मी. गहराई तक की सतह में खेत में अच्छी तरह बिखेर कर जून–जुलाई में एक जुताई द्वारा मिला देते हैं। अनुसंधान से यह पाया गया है कि कम्पोस्ट को खेत में मिलाने व बुआई के समय में 15–20 दिन का फर्क हो ताकि भूमि में लाभदायक जीवाणुओं की संख्या बढ़ सकें।

इस संस्थान में नीम, बाजरा व खरपतवारों के अवशेषों से उपरोक्त विधि द्वारा बनाई गई कम्पोस्ट खादों से शुष्क जड़ गलन रोग के ग्वार व चंवले की फसल पर प्रभाव देखा गया। इनमें से चंवले की फसल पर यह रोग अधिक मात्रा में आता है। विभिन्न कम्पोस्ट को एक निश्चित क्षेत्र में डालकर दो वर्षों तक ग्वार व चंवला की फसल का उत्पादन करने के दौरान मृदा में जांच करने पर यह पाया गया कि कम्पोस्ट डाली गई मृदा में प्रतिरोधी और अपघटक जीवाणुओं की संख्या में 16–66 प्रतिशत तक की वृद्धि हो जाती है। संशोधित मृदा में *मेक्रोफोमिना फेजीयोलीना* नामक रोगाणु की संख्या में 16–36 प्रतिशत की कमी देखी गई। इस प्रयोग से यह ज्ञात हुआ कि प्रतिरोधी और अपघटक जीवाणु कम्पोस्ट के प्रभाव से बढ़कर जड़ गलन रोग के रोगाणुओं की वृद्धि को रोकते हैं। विभिन्न कम्पोस्ट का ग्वार व चंवला की फसल पर उनकी ग्रंथि और नाईट्रोजन स्थिरीकरण पर भी कम्पोस्ट रहित मृदा से ज्यादा लाभदायक प्रभाव पाया गया। इन सबके कारण ग्वार व चंवला की फसलों में जड़ गलन रोग का प्रभाव 40–50 प्रतिशत तक कम और उपज में 25–40 प्रतिशत की वृद्धि पाई गई।

एक और परीक्षण में शुष्क क्षेत्रों में आमतौर पर उगने वाली विलायती बबूल, आक, देशी बबूल, खरपतवार व नीम से अलग–अलग कम्पोस्ट तैयार करके जीरे की फसल पर मृदा में 4 टन प्रति हैक्टर की दर से और कम्पोस्ट के पानी में मिश्रण का 2 प्रतिशत छिड़काव के रूप में उपयोग किया गया। इस प्रयोग में जीरे की पैदावार में आशातीत वृद्धि हुई व झुलसा रोग का प्रकोप भी कम हुआ। इसी परीक्षण में विलायती बबूल की कम्पोस्ट को मित्र फफूंद (*ट्राईकोड्रमा हारजेनियम*) के साथ विभिन्न अनुपात में देखा गया। इसमें 2 व 4 टन कम्पोस्ट में मित्र फफूंद मिलाने से उपज में उत्तरोत्तर वृद्धि हुई।

आजकल विश्व में कम्पोस्ट की खाद द्वारा मृदा जनित रोगों की रोकथाम पर अनुसंधान चल रहे है। इनमें इजराइल, अमेरिका, नीदरलैंड, जर्मनी आदि देशों के कृषि वैज्ञानिकों ने *पीथीयम, स्केलीरोशियम, राइजोक्टोनिया* आदि फफूंदों के रोकथाम पर काफी उल्लेखनीय सफलता हासिल की है। इस संदर्भ में यह उल्लेख करना जरूरी है कि कई तरह की कम्पोस्ट में मित्र फफूंदों की तादाद काफी बढ़ती है इसलिए कई जगह मित्र फफूंदों को भूमि में मिलाने व तादाद बढ़ाने के लिए कम्पोस्ट को काम में लिया जाता है। केंद्रीय शुष्क क्षेत्र अनुसंधान संस्थान में किये गये परीक्षणों में विलायती बबूल की पत्तियों व टहनियों से तैयार कम्पोस्ट में मित्र फफूंद *ट्राईकोडर्मा हारजेनियम* की संख्या में अप्रत्याशित वृद्धि पाई गई व करीब 240 दिन तक संख्या में कमी नहीं हुई। इसी तरह नीम की पत्तियों द्वारा तैयार कम्पोस्ट में दूसरी मित्र फफूंद *एस्परजीलस वर्सीकोलर* की तादाद में वृद्धि पाई गई है। इन दोनों कम्पोस्ट को जब खेत में मित्र फफूंदों के साथ डाला गया तो मृदा जनित रोगों खासतौर से जीरे में उखटा रोग में काफी कमी देखी गई।

कम्पोस्ट के लाभ :

- अधिक उपज उत्पादन करने की एक सबसे सस्ती विधि है। जिससे मृदा पर कोई हानिकारक प्रभाव नहीं पड़ता है।
- विभिन्न फसल अवशेष और पशुओं के अवशिष्ट पदार्थों का सदुपयोग हो जाता है।
- खरपतवारों से कम्पोस्ट बनाने पर अगले वर्ष खेत में खरपतवारों की संख्या में कमी होती है।
- कम्पोस्ट मृदा जनित रोगाणुओं को नियंत्रित करती है और जैविक नियंत्रण वाले लाभदायक सूक्ष्म जीवों की संख्या में वृद्धि करती है।
- कम्पोस्ट खाद शुष्क खेती में नमी का संरक्षण और पौधों की जड़ों में वायु संचार को बढ़ाती है और मृदा की भौतिक, रासायनिक व जैविक गुणों में सुधार करके

विभिन्न पोषक तत्त्वों की मात्रा में वृद्धि करती है जिससे उर्वरकों की कम मात्रा की आवश्यकता होती है।

- रोगग्रस्त अवशेषों का कम्पोस्ट बनाने से उनके रोगाणु निष्क्रिय हो जाते हैं और भूमि की रोग जनिता में कमी करती है।
- कम्पोस्ट गमलों में फूलों की खेती के लिए बहुत लाभदायक होती है।
- कम्पोस्ट दलहनी फसलों में नाइट्रोजन स्थिरीकरण और जड़ ग्रंथियों की संख्या में वृद्धि करती है।
- ग्वार और चंवला में खरपतवार, बाजरा, नीम आदि कम्पोस्ट का प्रयोग करने से प्रतिरोध और अपघटक की संख्या में वृद्धि, जड़ गलन रोग के बीजाणुओं में कमी तथा पौधों में नाइट्रोजन स्थिरीकरण की क्षमता में वृद्धि पाई गई। साथ ही जड़–गलन से पौधों की मृत्यु संख्या में कमी और उपज में वृद्धि दर्ज की गई। कम्पोस्ट के प्रयोग से मित्र फफूंदों की तादाद में भी वृद्धि होती है।

○○○

वर्मीकम्पोस्टिंग

वर्मीकम्पोस्टिंग एक जैविक खाद बनाने की प्रक्रिया है। जो कि केंचुएँ की सहायता से बनती है। केंचुएँ द्वारा जैव विघटनशील विभिन्न प्रकार के व्यर्थ फार्म अपशिष्टों के भक्षण व उत्सर्जन प्रक्रिया के फलस्वरूप उत्तम कोटि की खाद तैयार करने की विधि को वर्मीकम्पोस्टिंग कहते हैं। वर्मीकम्पोस्ट को भूमि में मिलाने से इसकी उर्वरा शक्ति में बढ़ोतरी होती है। जिससे फसलों की गुणवत्ता व पैदावार में भी बढ़ोत्तरी होती है। इस प्रकार वर्मीकम्पोस्ट भूमि की भौतिक, रासायनिक व जैविक दशा में सुधार कर मिट्टी की उपजाऊ क्षमता बढ़ाने में महत्त्वपूर्ण योगदान करता है। अनुमानत: 1 केंचुआ 2 से 3 कोकून प्रति सप्ताह उत्पन्न करता है। इसके पश्चात् इन कोकूनों से 3–4 सप्ताह में हर कोकून से 1 से 3 केंचुएँ निकलते है। एक केंचुआ अपने जीवनकाल में 250 केंचुएँ पैदा करने की क्षमता रखता है। प्रतिदिन एक केंचुआ लगभग अपने वजन के बराबर मिट्टी को खाकर कम्पोस्ट में बदल देता है।

वर्मीकम्पोस्ट के लाभ :

- वर्मीकम्पोस्ट, सामान्य कम्पोस्ट के बनने की तुलना में कम समय (2 से 3 माह) में ही तैयार हो जाता है।
- सामान्य कम्पोस्ट की तुलना में वर्मीकम्पोस्ट में नाइट्रोजन, फॉस्फोरस, पोटाश व अन्य सूक्ष्म तत्त्वों की मात्रा अधिक पायी जाती है।
- वर्मीकम्पोस्ट से भूमि की उर्वरा शक्ति बढ़ती है। जिसके कारण फसल उत्पादन में भी सुधार होता है।
- वर्मीकम्पोस्ट के प्रयोग से मिट्टी की जलधारण क्षमता बढ़ती है तथा मृदा अपरदन में कमी आती है।
- वर्मीकम्पोस्ट के प्रयोग से प्राकृतिक संतुलन बना रहता है तथा पर्यावरणीय घटकों पर इसका कोई दुष्प्रभाव नहीं पड़ता है।

वर्मीकम्पोस्टिंग की विधि :

(1) केंचुएँ का चयन : वर्मीकम्पोस्ट बनाने में केंचुएँ का चयन एक महत्त्वपूर्ण भूमिका निभाता हैं। इसमें केंचुएँ की उन प्रजातियों का चयन किया जाता है जो

वातावरण के अनुसार जीवित रहने की क्षमता रखता हो, प्रजनन क्षमता व वृद्धि दर तीव्र हो, वर्मीकम्पोस्टिंग की गति तीव्र हो।

(2) वर्मीकम्पोस्ट बनाने हेतु योग्य व्यर्थ पदार्थ : वर्मीकम्पोस्ट के लिए सभी प्रकार के जैव विघटनकारी, खेत के अपशिष्ट पदार्थों का चयन किया जाता है। जैसे कि गाय, भैंस, भेड़, बकरी आदि का गोबर, बायोगैस स्लरी, शहरी कूड़ा, खाद्यान्न व्यर्थ पदार्थ, फसल अवशेष, घास–फूस व पत्तियाँ इत्यादि।

(3) कम्पोस्टिंग : सामान्यत: लकड़ी के बक्से या सीमेन्ट के टैंक में बनाया जाता है। इसकी लम्बाई, चौड़ाई उपलब्ध स्थान के अनुसार निर्धारित की जाती है। लेकिन इसके बेड की गहराई या ऊँचाई 50 सेन्टीमीटर से अधिक न हो। कम्पोस्टिंग के लिए कचरा व गोबर की एकान्तर क्रम में परत बनायी जाती है। जिसमें पहली परत 5 सेन्टीमीटर मोटी कचरे की बनाकर उसके ऊपर सडे. हुए गोबर की 5 सेन्टीमीटर मोटी परत बिछाये तत्पश्चात् उस पर पानी छिड़क कर 1000 केंचुएँ प्रतिवर्गमीटर की दर से डालें। इसके ऊपर सड़ा गोबर व विभिन्न व्यर्थ पदार्थों की परतें (10:3 के अनुपात में) डालें। आवश्यकतानुसार पानी छिड़ककर बोरी से ढ़क दें। आवश्यकतानुसार नमी (50 प्रतिशत से अधिक) बनाये रखते हेतु प्रतिदिन पानी का छिड़काव करें।

(4) कम्पोस्ट एकत्रिकरण : सामान्यत: 60–70 दिन बाद कम्पोस्ट बनकर तैयार हो जाती है। उस समय पानी का छिड़काव बन्द कर देना चाहिए तथा कम्पोस्ट को छानकर केंचुएँ अलग कर लेवें तथा कम्पोस्ट को सुविधानुसार प्लास्टिक की थैलियों में भर लेंवे।

सावधानियाँ :

- आंशिक रूप से सड़े हुए कचरे का उपयोग करें इससे कम्पोस्टिंग की दर में तेजी आती है।
- कम्पोस्टिंग बैड में मौसम के अनुसार नमी बनाये रखें। इसमें ना ज्यादा पानी डाले व ना ही कम।
- कम्पोस्टिंग बैड को छाया वाले स्थान पर बनाना चाहिए तथा वर्षा में जल भराव से बचना चाहिए।

जैव उर्वरक

कृषि कार्य एक सुप्रबंधित प्रक्रिया हैं, जिसमें निवेश तथा उत्पादन का अनुपात ही कार्य सफलता का सूचक होता है। आर्थिक स्तर पर निवेश कृषि में होने वाली लागत तथा उत्पादन कृषि में होने वाले लाभ के रूप में आंकलित होता है। वैज्ञानिक स्तर पर निवेश पर्यावरण के सम्पूर्ण जैविक तथा अजैविक घटकों के उपयोग तथा प्रत्यक्ष कृषि उत्पादन के साथ पर्यावरण की विभिन्न पारिस्थितिक स्थितियों को भी समान महत्त्व दिया जाता है। इस संदर्भ में कृषि के लिए उपयोगी बीज, उर्वरक, पीड़कनाशियों के स्रोत उत्पादन प्रक्रिया, रासायनिक संरचना, उपयोग विधि तथा पर्यावरण पर होने वाले सकारात्मक तथा नकारात्मक प्रभावों की ओर ध्यान दिया जाता है। यह सर्वविदित है कि विगत चार दशकों में विश्व की जनसंख्या दुगुनी हो चुकी है। बढ़ती जनसंख्या की बढ़ती खाद्य आवश्यकताओं की आपूर्ति हेतु कृषि का यह विकास पादप पोषक तत्त्वों की अधिकतम उपलब्धता द्वारा प्राप्त करने के क्रम में नाइट्रोजन तथा फॉस्फोरस आधारित रासायनिक उर्वरकों का उपयोग क्रमशः दस तथा पाँच गुना से अधिक हो गया है।

विभिन्न कृषिगत उन्नत तकनीकों, रासायनिक उर्वरकों तथा पीड़कनाशियों के उपयोग से कम लागत पर पैदावार को बढ़ाया जा सकता है परन्तु रसायनों के निर्भरता परास और अनियंत्रित उपयोग से वातावरण पर नकारात्मक प्रभाव प्रकट होने लगते हैं। जैसे– मृदा गुणवत्ता में न्युनता, धरातापीय तथा भूगर्भीय जल प्रदूषण और जैव विविधता में अवनमन जो अन्ततोगत्वा पारिस्थितिक तन्त्र की अस्थिरता में परिणित होता है। वर्तमान में कार्बनिक कृषि की महत्ता पर्यावरण एवं उत्पादन गुणवत्ता स्तर पर बढ़ रही है और जैव उर्वरक कार्बनिक कृषि के मुख्य घटक के रूप में स्थापित है।

आवश्यकता एवं महत्त्व : वर्तमान परिवेश में धारणीय विकास पद्धति को महत्त्व दिया जाता है, कृषि जगत में जैव उर्वरक धारणीय विकास पद्धति की परिकल्पना को पूर्ण करता है। स्थानीय जैव उर्वरक श्रेष्ठ कृषि उत्पादन को प्रोत्साहित करने के साथ पर्यावरण संतुलन को बनाये रखता हैं जो चिरकालिक कृषि लाभ बनाये रखता है। जैव उर्वरकों द्वारा उपलब्ध करवाये जाने वाले पोषक पदार्थ नियंत्रित तथा सन्तुलित रूप में होते हैं जो रासायनिक उर्वरकों के समान निक्षालन द्वारा प्रदूषण नहीं बढ़ाते हैं।

जैविक उर्वरक कम खर्च पर आसानी से उपलब्ध है तथा रासायनिक उर्वरकों की तुलना में इनका उपयोग आसान है। जैव उर्वरकों के उपयोग से वर्तमान के साथ–साथ आने वाली फसलों को भी लाभ प्राप्त होता है। ये मृदा में अघुलनशील फॉस्फोरस को घुलनशील बनाकर और अनुपलब्ध नाइट्रोजन कारक को उपलब्ध अवस्था में ले आता है जो चिरकालिक फायदा पहुंचाता है।

जैव उर्वरकों में कुछ प्रतिजैविक पदार्थ बनते हैं जो अन्य रोग कारक घटकों को नियंत्रित कर कृषि को विभिन्न रोगों से भी बचाती है। जैव उर्वरक हार्मोन, विटामिन, ऑक्सिजन आदि को उपलब्ध करवाते हैं जो रोग प्रतिरोधकता के साथ–साथ वृद्धि को भी बढ़ाते हैं। इस प्रकार जैव उर्वरक मृदा रोग कारकों का प्रभावी नियंत्रण उपलब्ध करवाता है। जैव उर्वरक में उपयोग किये जाने वाले घटक जीव कृषि में पौधों को पोषण की नियंत्रित उपलब्धता और रोग कारकों से लड़ कर दोहरा लाभ पहुँचाती है जो इनकी आवश्यकता को सिद्ध करता है।

वर्गीकरण तथा उदाहरण :

जैव उर्वरक अकार्बनिक नाइट्रोजन तथा फॉस्फोरस को कार्बनिक रूप में पौधों को उपलब्ध करवाने का प्राकृतिक एवं हानिरहित जैविक माध्यम है। कार्यशैली तथा पोषक पदार्थ की उपलब्धता के आधार पर यह मुख्यत: तीन भागों में वर्गीकृत किया जा सकता है– (1) नाइट्रोजनी *जैवउर्वरक* (नत्रजन जैवउर्वरक)

(2) फॉस्फोरस जैव उर्वरक

(3) कार्बनिक पदार्थ अपघटक

जैव उर्वरक :–

नाइट्रोजन स्थिरीकारक	फास्फोरस एकत्रक	कार्बनिक अवशिष्ट अपघटक
फलीदार–राइजोबियम	फास्फेट विलयेक बेसिलस स्युडोमोनास एर्स्पजिलस	सेल्युलोस अपघटक (सेलुलोमोनास)
अफलीदार	फॉस्फेट अवशोषक कवक मूल	लिग्निक अपघटक (आर्थरोबेक्टर)
फ्रेंकिया, एजोटोबेक्टर एजोस्पाइरीलम, एजोला – एनाबीना नील हरित शैवाल		

नोट : उपरोक्त वर्गीकरण तालिका में प्रस्तुत सभी जैव उर्वरक प्रत्यक्ष एवं अप्रत्यक्ष रूप से प्रभावकारी है, परन्तु इनका समायोजित संयोजन कृषि में अत्यन्त लाभदायक होता है।

नाइट्रोजन स्थिरक जैव उर्वरक :

वायुमण्डल में सर्वाधिक 78 प्रतिशत अनुपातधारी नाइट्रोजन गैस पौधों को पोषण के रूप में सहज उपलब्ध नहीं है। पादप नाइट्रोजन को अमोनिया या नाइट्रेट के रूप में ही ग्रहण कर सकते है। प्राकृतिक बिजली चमकने तथा कृत्रिम हैबर विधि से उपलब्ध अमोनिया आवश्यकता का अल्पांश ही पूरित करता है। नाइट्रोजन का एक बड़ा हिस्सा नाइट्रोजन स्थिरक सूक्ष्मजीवों द्वारा उपलब्ध करवाया जाता है। कार्यशैली के आधार पर नाइट्रोजनी स्थिरक सूक्ष्मजीवों को मुख्य रूप से तीन भागों में वर्गीकृत किया जाता है, जिनका विवरण तालिकाबद्ध किया गया है।

(1) सहजीवी सूक्ष्मजीवी

(2) असहजीवी सूक्ष्मजीवी

(3) सहकारी सूक्ष्मजीवी।

क्र.सं.	जैव उर्वरक प्रकार	उपयोगी जीव	प्रभावी कार्य प्रणाली	लाभान्वित फसलें
1.	सहजीवी	राइजोबियम	यह सूक्ष्मजीव पौधे की जड़ों की सहजीवी निवास करता है तथा वातावरण की नाइट्रोजन को नाइट्रेट में बदल कर पौधों को उपलब्ध करवाता है।	सभी दलहनी फसलें
		ब्रेडी राइजोबियम		
		ऐजो राइजोबियम		
		ऐलो राइजोबियम		
		शाइलो राइजोबियम		
2.	अदलहनी	फ्रेंकिया	पोषी पौधों के वायवीय भागों पर ग्रन्थि का निर्माण करके वायुमण्डलीय नाइट्रोजन को नाइट्रेट में बदलता है जो फसली पौधों को उपलब्ध होती है।	अफलीदार एक्टीनोराइजल फसलें
3.	असहजीवी	एजोटोबेक्टर	मुक्तजीवी यह जीवाणु खेतों की मिट्टी को वायुमण्डलीय नाइट्रोजन को सीधे स्थाई कर कृषि पौधों को उपलब्ध करवाता है।	सभी फसलें मुख्यतः (शाक–सब्जी वाले पौधे)
		ऐजोस्पाईरीलम	यह मृदा में मुक्त रूप से वृद्धि कर पौधों की नाइट्रोजन सम्बन्धी आवश्यकताएँ पूर्ण करता है।	मक्का, चावल (धान) तथा गेहूँ

क्र.सं.	जैव उर्वरक प्रकार	उपयोगी जीव	प्रभावी कार्य प्रणाली	लाभान्वित फसलें
		एजोला	यह सहजीवी समूह खेतों में उर्वरक के रूप में डाला जाता है जिससे मृदा में नाइट्रोजन के साथ फॉस्फोरस तथा अन्य सूक्ष्म जैविक तत्वों में बढ़त होती है।	मुख्यत: चावल तथा अन्य सभी फसलों में
		नील हरित शैवाल	ये सूक्ष्म जीव शैवाल नम मिट्टी की अध: स्तर पर वर्ष पर्यन्त या बारिश में नाइट्रोजन उपलब्ध करवाते है।	सभी मुख्य फसलें।

नाइट्रोजन जैव उर्वरक :

सहजीवी : ये जैव उर्वरक कृषि पौधों के साथ प्रत्यक्ष सहजीवी सम्बन्ध स्थापित करता है, पोषी पौधे इन्हें कार्बनिक पोषण तथा भौतिक सुरक्षा प्रदान करते हैं और ये जैव उर्वरक पौधों को जैवोपयोगी नाइट्रोजन उपलब्ध करवाते हैं। निम्नलिखित जैव उर्वरक महत्त्वपूर्ण हैं:–

राइजोबियम : दलहनी पौधों की जड़ों में उपस्थित ग्रन्थिल संरचना जो राइजोबियम नामक जीवाणु का आश्रय स्थल है दलहन कृषि में महत्त्वपूर्ण नाइट्रोजन स्रोत है, इनका कृत्रिम संरोपण उन्नत ग्रन्थि निर्माण, नाइट्रोजन स्थिरीकरण तथा कृषि उत्पाद को बढ़ाता है। दलहन को अन्य फसलों के साथ में लगाने से प्रभावी फसल चक्र निर्मित होता है जिसे रासायनिक नाइट्रोजन उर्वरकों की आवश्यकता नहीं पड़ती है।

आवश्यकता:

(1) ग्रन्थि निर्माण संख्या, संरचन तथा एसिटीलीन अपचयन क्षमता राइजोबियम की विशेष नाइट्रेट सहनशीलता और तापमान अनुकूलता (40 डिग्री सेन्टीग्रेड न्यूनतम) उच्च आर्द्रता अनुकूलन उच्च पी एच परास अनुकूलन तथा जैव किस्म की श्रेष्ठता पर निर्भर करता है।

(2) नाइट्रोजन की अधिकता नकारात्मक तथा कार्बनिक उर्वरक राइजोबियम कार्यान्विति पर सकारात्मक प्रभाव डालते हैं।

(3) डेलोविब्रियों एक अंत:कोशिकीय परपोषी है जो राइजोबियम पर नकारात्मक प्रभाव डालता है।

***फ्रेंकिया* :** अफलीदार पौधों में राइजोबियम प्रत्यक्ष लाभकारी नहीं होता है, अत: एक्टीनोमाइसीटिज की कुछ विशेष किस्मों को पृथक व जैव रूपान्तरित कर जैव उर्वरकों की दिशा को नवीन आयाम दिये गये हैं। एक्टीनोराइजल वृक्षों के साथ निर्बाधित सहजीवी यह सूक्ष्म जीव अन्य कृषि पौधों को भी लाभान्वित कर सकता है। बीज रोपण से पूर्व विधिपूर्वक इसका उपयोग उत्तम परिणाम प्रदर्शित करता है। यद्यपि इस जैव उर्वरक सूक्ष्मजीव का कृषि संदर्भ में उपयोग अन्वेषण अवस्था में है और कालान्तर में इसका व्यापक उपयोग निश्चित है परन्तु वर्तमान परिदृश्य में भी यह कृषि में *राइजोबियम* के प्रभावी नाइट्रोजन जैव उर्वरक विकल्प के रूप में महत्त्वपूर्ण है। नर्सरी स्तर पर *फ्रेंकिया* का उपयोग अत्यन्त प्रभावी है जहाँ यह प्रारम्भिक अवस्था में ही नवोद्भिदों के साथ सहजीवन आरम्भ कर उन्हें प्रचुर नाइट्रोजन उपलब्ध करवाता है। *फ्रेंकिया* का मूल संवर्धन द्रव रागीयत (Lyophilization), ग्लिसरॉल प्रशीतीकरण, तथा विशिष्ट माध्यम संवर्धन द्वारा लम्बे समय तक सुरक्षित रखा जा

सकता है। फ्रेंकिया संक्रमण स्रोत के रूप में बीजाणु और संवर्धन दोनों उपयोगी है। इस प्रक्रिया में संवर्धन स्रोत को किसी भी अवशिष्ट आधारित माध्यम में डाल कर उपयोग किया जा सकता है।

एजोटोबेक्टर : मुक्तजीव सूक्ष्मजीव जो स्वतंत्र रहकर कृषि में मुख्य नत्रजन जैव उर्वरक के रूप में उपयोग आता है। यह कम नत्रजन युक्त मृदा में सफलता पूर्वक वृद्धि करता है तथा अपने कोशिकीय विकास हेतु नत्रजन स्थिरीकरण सम्पन्न करता है। सूक्ष्मजीव पूर्ण कोशिका विकास प्राप्त करने पर दृढ़ आवरण से युक्त हो जाते हैं जो इस सूक्ष्मजीव को ताप, शुष्कन, और अन्य प्रतिकूल परिस्थितियों से बचा कर रखता है। नियमित वृद्धि प्रदर्शित करता है।

- एजोटोबेक्टर 10-30 mg N/g कार्बनिक पदार्थ स्थिरीकृत करता है।
- यह मृदा में नत्रजन स्थिरीकरण के साथ–साथ IAA (ऑक्सिन) तथा GAA (जिब्बेरेलीन) पादप स्वास्थ्य एवं वृद्धि विकास को नये आयाम देते हैं।
- ऐजोटोबेक्टर द्वारा थियामिन, राइबोफ्लेविन तथा निकोटीन जैसे विटामिन भी उत्पन्न किये जाते हैं जो कृषि पादप के साथ–साथ मनुष्यों तथा मवेशियों के लिए भी महत्त्वपूर्ण है।
- ऐजोटोबेक्टर से उत्पन्न PGPR पौधों का अंकुरण, वृद्धि तथा विकास को भी बढ़ा देता है। यह फलदार पौधों के लिए अत्यन्त लाभकारी हैं।
- एजोटोबेक्टर के अत्यन्त प्रभावकारी परिणाम के लिए 1000 किलोग्राम उर्वरक आवश्यक है तो 30 कि.ग्रा. प्रति हे. तक स्थिरीकृत कर उपलब्ध करवाता है।
- इसे नाइट्रोजन कमी वाली मृदा में फसलों के सार्वभौमिक जैव स्त्रोत के रूप में उपयोग लेना आसान और सुरक्षित है।

एजोस्पाइरीलम : मक्का, धान और गेंहू की फसल में जैव नाइट्रोजन उर्वरक के रूप में एजोस्पाइरीलम अत्यन्त लाभदायक है। यह अकोशिकीय मोनेरा समूह से संबंधित नील हरित शैवाल है जो कोशिकीय स्तर पर नाइट्रोजन को स्थिरीकृत करता है। पूर्ण रूप से मुक्त जीवी और प्रकाश संश्लेषी होने के कारण इसे सभी प्रकार की फसलों में बिना किसी सहजीवी की आवश्यकता तथा परजैविकता के डर के उपयोग में लिया जा सकता है। एजोस्पाइरीलम मिट्टी में नाइट्रोजन की मात्रा फसल कटने पर भी यथावत रखता है तथा इसका एक अनुप्रयोग उपयुक्त जल की उपस्थिति में लम्बे समय तक प्रभावी रहता है। एजोस्पाइरीलम के अनुप्रयोग से अल्पकाल में ही मृदा नत्रजन में 25–30 प्रतिशत तक की वृद्धि की जा सकती है।

लाभ :

1. एजोस्पाइरीलम द्वारा नाइट्रोजन के साथ मृदा फॉस्फोरस में भी वृद्धि होती है।
2. एजोस्पाइरीलम मृदा की पी एच को सामान्य करने में सहायक है जिससें मृदा की अधिक अम्लीयता या क्षारीयता की समस्या का निवारण हो जाता है।
3. एजोस्पाइरीलम मृदा में नमी को बनाये रखने में सहायक है।
4. प्रतिकूल परिस्थितियों में यह स्पोर बनाता है जिससे अगली फसल में नमी व तापमान अनुकूलित होने पर पुनः संख्यावृद्धि कर इसके अनुप्रयोग अन्तराल को बढ़ा देता है।

एजोला-एनाबीना : कार्बनिक कृषि में यह एक महत्त्वपूर्ण जैव उर्वरक के रूप में उपयोगी है यह नाइट्रोजन एवं फॉस्फोरस के साथ मृदा में कार्बनिक तत्त्वों की मात्रा में प्रत्यक्ष वृद्धि करता है जिससे मृदा अधिक उर्वरक हो जाती है। किसान इसे व्यक्तिगत स्तर पर खेत में निर्मित कर, विपणन द्वारा व्यावसायिक लाभ भी प्राप्त कर सकते हैं। यह उर्वरक दो भिन्न समूह जीवों को सहजीवी युग्म है अतः यह स्वनिर्भर और परजीविता प्रभाव की संभावना से पूर्णतया मुक्त है।

लाभ :

1. यह कृषि क्षेत्र में आसानी से निर्मित की जा सकने वाली जैव खाद है।
2. इसके अनुप्रयोग से मृदा में 40–50 कि.ग्रा. नाइट्रोजन प्रति हेक्टेयर कमी पूरित की जा सकती है।
3. एजोला के सूखे चूर्ण को मुर्गीपालन, मछली पालन तथा अन्य जलाधारित जैव-पालन प्रबंधन में पोषक स्रोत के रूप में उपयोग करते हैं।

नीलहरित शैवाल: साइनोफाइसी समूह से सम्बन्धित यह जैव समूह अपनी विशेष कोशिका संरचना हेटेरोसिस्ट की सहायता से नाइट्रोजन स्थिरीकरण का उद्देश्य पूर्ण करती है। एक बडे कुंड में गोबर की परत चढ़ाकर फॉस्फोरस की अधिक मात्रा युक्त उर्वरक की पुताई करके पानी भर देते हैं। जिसमें 2–3 महीने में नील हरित शैवाल फैलकर पूरे कुंड की सतह पर फैल जाते हैं जिसे शुष्क आर्द्र अवस्था में खेतों में डालकर वहां की नाइट्रोजन एवं फास्फोरस की मात्रा बढ़ाई जाती है।

नाइट्रोजन स्थिरीकारक/जैव उर्वरक उपयोग विधि:

नाइट्रोजन जैव उर्वरकों को भूमि उपचार विधि द्वारा उपयोग में लिया जाता है, जीवाणु स्तर के जैव उर्वरक जैसे- *राइजोबियम, एजेटोबेक्टर, ऐजोस्पाइरीलम* के संवर्धन स्रोत पाउडर के रूप में कृषि बाजारों या विभिन्न अनुसंधान संस्थानों में

उपलब्ध हो जाते हैं जिसे वांछित अनुपात में सड़ी गोबर की खाद में मिलाकर मृदा में मिला देवें।

जैव उर्वरक में शैवाल स्तर के उर्वरक जैसे एजोला–एनाबिना, नॉस्टाक, ऑसिलेटॉरिया आदि नील हरित शैवाल को संर्वधन कूंडों में तैयार किया जाता है। इस प्रकार तैयार नीलहरित शैवालों को आवश्यकतानुसार लेकर मृदा में सीधे ही अथवा सुखाकर मिला दिया जाता है। उपरोक्त विधियाँ मृदा में नाइट्रोजन, फॉस्फोरस तथा अन्य सूक्ष्म पोषक तत्त्वों की वृद्धि के साथ रोग कारकों पर नियंत्रण भी स्थापित हो जाता है।

जैव उर्वरकों से भूमि उपचार के साथ–साथ बीजोपचार भी कारगर उपाय है।

OOO

उन्नत किस्में

फसल का नाम	उन्नत किस्म का नाम
तिल	आर.टी.–40, आर.टी.–125, आर.टी.–127, आर.टी.–346 (चेतक), आर.टी.–351
अरण्डी	जी.सी.एच.–4, 5,7, आर.एच.सी.–1, डी.सी.एच.–1 (उकड्डा रोगरोधी)
मूंग	आई.पी.एम.–2, जी.एम.–4, एस.एम.एल.–688, आर.एम.जी.–268, 344, के.–651, टार.एम.जी.–62
मोठ	आर.एम.ओ.–40, 257, 435, 225, काजरी मोठ–2
ग्वार	आर.जी.सी.–936, 1002, 1003, 1017, आर.जी.एम.–112
गेहूँ	लोक–1, राज–3077, राज–3777, 3765, राज–1482, 1972
चना	सी–325, पूसा–256, वरदान, आर.एस.जी.–44, आई.सी.री.–10, जी.एम.जी.–469
जीरा	आर.जेड.–209, 19, जी.सी.–4, आर.एस.–1
इसबगोल	जी.आई.–2, आर.आई.–89
मैथी	आर.एम.टी.–1, 143, राजेन्द्र क्रान्ति, पूसा अरली बंच
लहसून	लाडवा, मलेवा, जी–1, जी.–50, जी.–410, जी.–282, गुजराज, जामनगर
प्याज	पूसा रेड, नासिक रेड, आका कल्याण, उदयपुर–102, एन–5, पूसा व्हाइट, पूसा व्हाइट लोंग, अरली ग्रेनो
सरसों	वरूना, पूसा बोल्ड, आर.एस.–30, बायो–902, पी.सी.आर.–7
धनियाँ	एन.आर.सी.एस.एस.ए.सी.आर.–1
सौंफ	ए.एफ.–1, 2, 3, ए.एम.–1,2
अजवायन	ए.ए.–1, 2
बाजरा	856, आर.एच.बी.–121, जी.एच.बी.–538, सी.जेड.पी.–9802, श्राज–171, मण्डोर बाजरा कंपोजिट–2

OOO

भाग–3

NET एवं ARS में गत वर्षों में पूछे गये महत्त्वपूर्ण प्रश्नोत्तर

गत वर्षों में पूछे गये महत्त्वपूर्ण प्रश्नोत्तर

1. **सर्वप्रथम कब और किसने यह प्रायोगिक रूप से सिद्ध किया कि पादप रोग सूक्ष्मजीवों से होते है?**

   उत्तर– सन् 1807 में फ्रेंच वैज्ञानिक प्रिवोस्ट ने।

2. **गेहूं में होने वाले उस रोग का नाम क्या है जिसके कारण मछली जैसी दुर्गन्ध आती है तथा यह दुर्गन्ध किस रसायन की वजह से आती है?**

   उत्तर– रोग– *करनाल बंट*, रसायन का नाम– *ट्राईमेथाइलएमीन*

3. **सौर्य उष्मा उपचार सर्वप्रथम किस वैज्ञानिक ने प्रतिपादित किया व किस रोग के निदान के लिए किया गया था?**

   उत्तर– जे.सी. लुथरा और ए. सत्तार ने सन् 1931 में

   रोग का नाम – गेहूं का लूज स्मट (अनावत्त कंडवा)

4. **गेहूं के उस रोग का नाम क्या है जो बीज के आन्तरिक संक्रमण की वजह से होता है?**

   उत्तर– अनावृत कंडवा (लूज स्मट)

5. **उष्ण जल उपचार (होट वाटर ट्रीटमेन्ट) किस वैज्ञानिक ने दिया? ग्वार में होने वाले जीवाणु झुलसारोग के नियंत्रण के लिए उष्ण जल उपचार कितने समय के लिए किया जाता है?**

   उत्तर– जे. एल. जेनसेन, 1887

   ग्वार का जीवाणु झुलसा रोग का नियंत्रण – 56 °C, 10 मिनट

6. **आयरलैण्ड का अकाल किस वर्ष में तथा किस पादप व्याधि की वजह से हुआ? पादप व्याधि के रोगकारक का नाम क्या था?**

   उत्तर– आयरलैण्ड का अकाल सन् 1845–46 में आलू के पछेती अंगमारी (*लेट ब्लाइट*) रोग के कारण हुआ। यह रोग *''फाइटोथोरा इन्फेस्टान्स''* नामक फफूंद से होता है।

7. **प्रसिद्ध बंगाल का अकाल किस पादप रोग की वजह से हुआ? इस रोग के रोगकारक का नाम क्या है?**

उत्तर– 'बंगाल का अकाल' सन् 1943 में भूरी चित्ती रोग (ब्राउन स्पोट) के कारण हुआ।

रोगकारक– *हैल्मिथोस्थोरियम ऑराइजे* या *ड्रेक्सलेरा ऑराइजे।*

8. **कवकों में हेटेरोथेलिज्म की खोज कब और किसने की?**

   उत्तर– ए.एफ. ब्लेक्सली ने 1904 में म्यूकर में की।

9. **'पेरा सेक्सुअलीज्म' की खोज कब, किसने और किसमें की?**

   उत्तर– पेरासेक्सुअलीज्म की खोज *जी. पोन्टेकोरवो* व *जे.ए. रोपर* ने सन् 1952 में *एसपरजिलस निडूलेन्स* में की।

10. **'इन्डियन फाइटोपैथोलोजी सोसायटी' की स्थापना कब और किसने की?**

    उत्तर– बी.बी. मुन्डकर ने सन् 1948 में

11. **पादप रोग विज्ञान पर प्रथम पुस्तक कब और किसने लिखी? उस पुस्तक का शीर्षक क्या था?**

    उत्तर– पादप रोग विज्ञान पर प्रथम पुस्तक जुलियस कुहन ने 1858 में लिखी। उस पुस्तक का शीर्षक निम्न प्रकार था 'द डीजीज़ेज ऑफ कल्टीवेटेड क्रोप्स देयर कोज़ेज एण्ड देयर कन्ट्रोल'

12. **'हेटेरोकेरियोसीस' की खोज कब, किसने और किसमें की?**

    उत्तर– 'हेटेरोकेरियोसीस' की खोज हेनसन और स्मिथ ने 1932 में *'बोट्राइटिस सिनेरिया'* कवक में की।

13. **गेहूं के काला रतुआ व भूरा रतुआ रोग के वैकल्पिक पोषक पादपों का नाम बताओ।**

    उत्तर– काला रतुआ (ब्लेक रस्ट/स्टेम रस्ट) – बारबेरी

    भूरा रतुआ (ब्राउन रस्ट/लीफ रस्ट) – थेलिक्ट्रम

14. **पादपों में रोग प्रतिरोधकता के लिए किस एन्जाइम को जिम्मेदार माना जाता हैं?**

    उत्तर– फिनाइल एलेनीन अमोनिया लाइएज (पी.ए.एल.)

15. **'जीन फॉर जीन' परिकल्पना कब और किसने स्थापित की? सर्वप्रथम इस परिकल्पना को किस पोषक–रोगकारक तंत्र में स्थापित किया?**

    उत्तर– एच.एच. लोर ने सन् 1946 में अलसी में रतुआ रोग, जो कि *'मेलोम्पसोरा लीनी'* से होता है, में स्थापित की।

16. **अगर–अगर, जो कि एक ठोसकारक पदार्थ है किससे प्राप्त होता है?**
उत्तर– लाल शैवाल जेलिडियम व ग्रासीलेरिया से।

17. **कुक्कुरबीट्स में जीवाणु उकठा रोग (बेक्टिरियल विल्ट) किससे होता है?**
उत्तर– *इरविनिया ट्रेकीफिला*

18. **फाइटोऐलेक्सिन शब्द किसने प्रतिपादित किया?**
उत्तर– के.ओ. मुलार व एच. बोरगर ने

19. **इलेक्ट्रॉन सूक्ष्मदर्शी की खोज कब और किसने की?**
उत्तर– नॉल और रस्का ने सन् 1933 में

20. **'लेमीनार एयरफ्लो बेंच' की खोज कब और किसने की?**
उत्तर– व्हाइटफील्ड ने 1962 में।

21. **सर्वप्रथम किस वैज्ञानिक ने बताया कि गेहूं में पक्सिनिया ग्रामीनिस के विरूद्ध रोग प्रतिरोधकता मेन्डल के नियमानुसार वंशागत होती है?**
उत्तर– आर.एच. बाइफेन ने सन् 1905 में

22. **गन्ने का 'पाइनेपल रोग' किस रोगकारक के कारण होता है?**
उत्तर– *सिरेटोस्टोमेल्ला पेराडोक्सा*

23. **गन्ने का 'रेडरोट' रोग किससे होता है तथा इसके रोगकारक की टिलियोमोर्फ का नाम क्या है?**
उत्तर– *कोलेटोट्राइकम फाल्केटम* (एनामोर्फ)
ग्लोमेरेला तुकुमानेन्सिस (टिलियोमार्फ)

24. **सर्वप्रथम सिस्टेमिक कवकनाशी की खोज कब व किसने की तथा उस कवकनाशी का क्या नाम था?**
उत्तर– वोन स्कमेलिंग एवं कुल्का ने सन् 1965 में कार्बोक्सिन (विटावेक्स) कवकनाशी की खोज की।

25. **बर्गी की मेन्यूल का प्रथम प्रकाशन कब हुआ तथा मेन्यूअन का पुराना व नया नाम क्या है?**
उत्तर– सन् 1923 में, बर्गीज मेन्यूल ऑफ डिटरमिनेटिव बेक्टिरियोलोजी नया नाम – 'बर्गीज मेन्यूल ऑफ सिस्टेमेटिक बेक्टिरियोलोजी'

26. **कोच की अवधारणाएँ (पोस्टुलेट्स) कब दी गयी?**
उत्तर– 1982

27. **पादपों में सर्वप्रथम जीवाणु जनित रोग कौनसा था तथा इसकी खोज कब और किसने की?**

उत्तर– सेब का अग्नि झुलसा (फायर ब्लाइट) जो कि *इरविनिया एमाइलोवोरा* नामक जीवाणु से होता है, की खोज टी.जे. बरील ने सन् 1878 में की।

28. **सर्वप्रथम किस वैज्ञानिक ने बताया कि फाइटोप्लाज्मा पादपों में रोग उत्पन्न कर सकते है?**

उत्तर– डॉई व साथियों ने (डॉई एट ऑल) सन् 1967 में

29. **सर्वप्रथम वाइरॉयड जनित पादप रोग की खोज कब और किसने की?**

उत्तर– टी.ओ. डायनर ने सन् 1971 में

पादप रोग: आलू का स्पिन्डल कंद रोग

30. **सेटेलाइट वायरस की खोज कब और किसने की?**

उत्तर– केसेनीस (1962) ने सर्वप्रथम तम्बाकू में सेटेलाइट वायरस की खोज की।

31. **प्रसिद्ध पुस्तक 'डिक्सनरी ऑफ फन्जाई' किसने लिखी?**

उत्तर– आइन्सवर्थ और बिस्बी ने

32. **बी. बी. मुण्डकर द्वारा लिखी गई पुस्तक का शीर्षक क्या है?**

उत्तर– 'फंन्जाई एण्ड प्लान्ट डिसीजेज'

33. **प्रसिद्ध पुस्तक 'फन्जाई एण्ड डिसीजेज इन प्लान्टस' किसने लिखी?**

उत्तर– सर ई. जे. बटलर ने।

34. **प्रथम पादप परपोषी सूत्रकृमि कौनसा था तथा इसकी खोज कब और किसने की?**

उत्तर– *एन्गुइना ट्रीसीसाई* सूत्रकृमि जो कि गेहूं में ईयर कॉकल रोग उत्पन्न करता है। इसकी खोज नीधम ने 1743 में की।

35. **सर्वप्रथम वायरस/विषाणु की क्रिस्टलीकरण किसने किया?**

उत्तर– डब्ल्यू एम. स्टेनले ने सन् 1935 में।

36. **सर्वप्रथम प्रतिजैविक की खोज कब और किसने की?**

उत्तर– एलेक्जेन्डर लेमींग ने 'पेनिसीलिन' नामक प्रतिजैविक की खोज सन् 1928 में की।

37. **भारत में गेहूं में होने वाले रतुआ रोग के जीवन चक्र का विवरण किसने दिया?**

    उत्तर– करम चन्द मेहता

38. **बोरडो मिश्रण की खोज कब और किसने की? तथा इस मिश्रण का उपयोग सर्वप्रथम किस पादप रोग के निदान में किया गया?**

    उत्तर– बोरडो मिश्रण की खोज पी.एम.ए. मिलारडे ने सन् 1882 में अंगूर में होने वाले *डाउनीमिल्डयू* रोग के निदान के लिए की गई।

39. **बोरडो मिश्रण के घटक क्या–क्या हैं तथा इनको किस अनुपात में मिलाया जाता है?**

    उत्तर– कॉपर सल्फेट ($CuSO_4$), चूना $Ca(OH)_2$ तथा पानी को 4:4:50 या 5:5:50 के अनुपात में मिलाया जाता है।

40. **बोरडो मिश्रण (1 प्रतिशत) कैसे बनाया जाता है?**

    उत्तर– 10 किलोग्राम $CuSO_4$ को 500 लीटर पानी में मिट्टी के बर्तन में या लकड़ी के ड्रम में घोल लें। दूसरे बर्तन में 500 लीटर पानी में 10 किलोग्राम चूना $Ca(OH)_2$ को घोल लें। फिर इन दोनों मिश्रण को एक तीसरे बर्तन में धीरे–धीरे मिलायें।

41. **डेस्ट्रक्टीव इन्सेक्ट एण्ड पेस्ट एक्ट (DIPA) कब पास हुआ?**

    उत्तर– 1914 में

42. **''फन्जाई इम्प्रफेक्टाई'' ग्रुप का निर्माण किसने किया?**

    उत्तर– फकेल ने 1860 में

43. **अर्द्ध–मूलपरजीवी के दो उदाहरण दीजिए।**

    उत्तर– 1. स्ट्राईगा, 2. चन्दन (सेन्डल वुड)

44. **''सिडेरोफॉर'' कौन से सूक्ष्म जीवाणु बनाते हैं?**

    उत्तर– वायवीय जीवाणु, फफूँद एवं विषाणु

45. **पादप रोग प्रबन्धन की प्रथम प्रतिरोधी जीन कौनसी थी?**

    उत्तर– एच.एम. 1

46. **''एलिसा तकनीक '' की सहनशीलता कितनी होती है?**

    उत्तर– 1–10 नेनोग्राम प्रति मिली

47. **फसल चक्र किस प्रकार के रोगकारक सूक्ष्मजीवों के नियंत्रण में लाभदायक होता है?**

    उत्तर– मृदा आक्रमणकारी (सोयल इनवेडर्स)

48. **चूर्ण सूत्रीकरण में सामान्यतः सक्रिय घटक की मात्रा कितनी होती है?**

उत्तर– 4–10 प्रतिशत

49. **चोबाटिया लेप में घटकों की मात्रा कितनी होती है?**

उत्तर– 1. कॉपर कार्बोनेट – 800 ग्राम
2. लाल सीसा – 800 ग्राम
3. अलसी का तेल – 1 लीटर

50. **कौनसे फफूंदनाशी में "प्रसाधन प्रभाव" पाया जाता है?**

उत्तर– ट्राइडेमॉर्फ

51. **तरल मिडिया को जमाने योग्य बनाने के लिए अगर–अगर की कितनी मात्रा डालनी चाहिए?**

उत्तर– सामान्यतः 1.5–2 प्रतिशत

52. **सिट्रीक अम्ल किस फफूंद से बनाया जाता है?**

उत्तर– *एस्पर्जिलस नाइगर*

53. **यीस्ट में संग्रहित पदार्थ "वोलूटिन" किसका बना होता है?**

उत्तर– पोलीमेटाफॉस्फेट का

54. **उमाइसीट्स की कोशिका भित्ति किसकी बनी होती है?**

उत्तर– सेल्यूलोज की

55. **यीस्ट की कोशिका भित्ति किसकी बनी होती है?**

उत्तर– मेनन बीटा ग्लूकेन की

56. **फफूंद तथा जीवाणुओं की वृद्धि के लिए अनुकुल pH कितनी होती है?**

उत्तर– फफूंद : 4–6 (अम्लीय pH), जीवाणु : 6.5–7.5 pH

57. **हाइपोविरूलेन्स किसकी उपस्थिति के कारण होता है?**

उत्तर– द्विकुण्डलित आर.एन.ए.

58. **फफूंदनाशी के छिड़काव में काम आने वाले अच्छे स्प्रेडर व अच्छे सेफनर का एक–एक उदाहरण दीजिए।**

उत्तर– उत्तम स्प्रेडर : बेन्टोनाइट मिट्टी, उत्तम सेफनर : चूना

59. **क्रुसीफर पादपों का "क्लब मूल रोग" का रोग कारक व रोगकारक के द्वारा उत्पन्न किये गये प्रमुख लक्षण क्या है तथा इस रोग का उत्तम प्रबन्धन क्या है?**

उत्तर– रोगकारक : *प्लाज्मोडियोफोरा ब्रासिके*

लक्षण : हाइपरप्लासिया एवं हाइपरट्रॉफी

प्रबन्धन : चूना व एफ.वाई.एम. मिलाकर खेत में डालें।

60. **भारत में पादप रोगों की वजह से कितना नुकसान होता है?**

उत्तर– 26 प्रतिशत

61. **CGA245704 क्या हैं?**

उत्तर– पादप रक्षात्मक उत्प्रेरक

62. **कम्पांउड इन्टेरेस्ट रोग समय के साथ किस प्रकार ग्राफ बनाता है?**

उत्तर– सिगमॉइड ग्राफ

63. **काइटीनेज या β-1-3 काइटीनेज क्या है?**

उत्तर– PR- प्रोटीन

64. **सर्वप्रथम व्यवसायिक रूप से उपलब्ध पादप रोग जैव नियंत्रक का नाम क्या था?**

उत्तर– *पेनिओफोरा जाइजेन्टिया*

65. **लेमिनार फलोचेम्बर में काम आने वाले फिल्टर का आमाप क्या होता है?**

उत्तर– 0.3 मा.मी.

66. **टर्की एक्स रोग किसके कारण होता है?**

उत्तर– अलाटोक्सिन से।

67. **अलाटोक्सिन के निर्माण के लिए अनुकूल तापमान व RH क्या होती है?**

उत्तर– तापमान 25–30 डिग्री सेन्टीग्रेड

RH 80–90 प्रतिशत (सापेक्षित आद्रता)

68. **निम्न शर्करा रोगाणु सामान्यत: होते है?**

उत्तर– नेक्रोट्रॉफ

69. **उच्च शर्करा रोगाणु सामान्यत: होते है?**

उत्तर– बायोट्रॉफ

70. **अगर–अगर किसका बना होता है?**

उत्तर– डी–गेलेक्टोपाइरेनोज इकाईयों से

71. सरल ब्याज रोग (सिम्पल इन्टेरेस्ट डीसीज) समय के साथ कैसा ग्राफ बनाता है?

उत्तर– हाइपरबोला ग्राफ

72. प्रसिद्ध पुस्तक ''प्लान्ट डिसिजेज : एपिडेमिक्स एन्ड कन्ट्रॉल'' के रचनाकार कौन है?

उत्तर– वान्डर पलान्क

73. मोनोसाइक्लिक व पॉलीसाइक्लिक रोगों में कौन–कौन से ग्राफ बनाते है?

उत्तर– मोनो साइक्लिक सेचूरेशन प्रकार

पॉलीसाइक्लिक 1. सिगमॉइड : सामान्यत:

2. बाइमॉकल : एक ही पादप में अलग–अलग अंगों पर रोग का असर अलग–अलग समय पर दिखता है।

उदाहरण– सेब का स्केब रोग

74. किस फफूंद को केरोसीन तेल फफूंद कहा जाता है?

उत्तर– अमोर्फोथेरा रेजीनी

75. डापी (डी.ए.पी.आई.) अभिरंजक किसके पता लगाने में काम आता है?

उत्तर– जीवाणु के

76. 'वसीय अम्ल विश्लेषण' तकनीक किस सूक्ष्मजीव के पता लगाने में काम आता है?

उत्तर– जीवाणु

77. 'बेटीग तकनीक' व 'लीफडीप तकनीक' किस सूक्ष्मजीव के पता लगाने में सहायक है?

उत्तर– बेटीग तकनीक फफूंद

लीफ डीप तकनीक विषाणु

78. प्रकाश सूक्ष्मदर्शी की विभेदन क्षमता कितनी होती है?

उत्तर– 0.2 माइक्रोमीटर या 200 नेनो मीटर

79. इलेक्ट्रान सूक्ष्मदर्शी की विभेदन दक्षता कितनी होती है?

उत्तर– 0.2 नेनो मीटर

80. **प्रोकेरियोट व यूकेरियोट के बीच की संयोजक कड़ी है?**
उत्तर– पेलोमिक्सा पेलूस्ट्रिस

81. **'क्वारेन्टाइन' शब्द का क्या मतलब होता है?**
उत्तर– 40 दिन

82. **'गामा कण' किस फफूंद विभाग में पाये जाते है?**
उत्तर– मेस्टीगोमाइकोटीना

83. **'क्लेम्प कनेक्शन' व डोलीपोर सेप्टा किस फफूंद विभाग की पहचान है?**
उत्तर– बेसीडियोमाइकोटा की

84. **माइकोराइजा फफूंद मुख्यत: कौनसे फफूंद विभाग में पाये जाते है?**
उत्तर– जाइगोमाइकोटा

85. **एल्बूगोकेन्डिडा के बीजाणु के अंकुरण के लिए अनुकूलतम तापमान कितना होना चाहिए?**
उत्तर– 10 डिग्री सेन्टीग्रेड

86. **'केपीलिटीयम' किस ग्रुप की पहचान है?**
उत्तर– मिक्सोमाइकोटा

87. **रतुआ रोग के फफूंद की शून्य अवस्था को सामान्यत: किस नाम से जाना जाता है?**
उत्तर– पिकनियोस्पोर

88. **संयुक्त टीलियोस्पोर किस वंश की विशेषता है?**
उत्तर– फ्रेगमीडीयम

89. **सेब के स्केब रोग के संक्रमण के लिए अनुकूल परिस्थितियाँ क्या है?**
उत्तर– संक्रमण के लिए रोगकारक का 6 डिग्री सेन्टीग्रेड तापमान पर 28 घण्टे के लिए आर्द्र होना जरूरी है।

90. ***पक्सिनिया ग्रामिनिस ट्रीटीसाई* के यूरियोस्पोर का आकार क्या होता है?**
उत्तर– 27×17 माइक्रोमीटर

91. ***सेपरोलिग्निया पेरासिटिका* किसमें रोग उत्पन्न करता है?**
उत्तर– मछलियों में

92. ***डाइमोर्फीज्म व स्पोरेंजियल प्रोलिफेरेशन* किसका मुख्य लक्षण है?**
उत्तर– सेपेरोलिग्निया का

93. **कोरोफिलस फफूंद किसको कहा जाता है?**

उत्तर– पाइलोबोलस को

94. **कौनसा फफूंद 'शोट गन' या 'हेट थ्रोअर' फफूंद के नाम से जाना जाता है?**

उत्तर– *पाइलोबोलस*

95. **'हाइमेनियम परत' किस प्रकार के एस्कोकार्प में अनुपस्थित रहती है?**

उत्तर– *क्लिटोथिसियम* में

96. **मोर्फोजेनेटिक अध्ययन के लिए मुख्य रूप से कौनसे फफूंद काम आते हैं?**

उत्तर– *ब्लास्टोक्लेडियेला* और *एलोमाइसेस*

97. **विश्वविख्यात वैज्ञानिक जो कि हाइपोमाइसिटस के शोध हेतु प्रसिद्ध है?**

उत्तर– टी.एस. सदाशिवन

98. ***इरविनिया एमाइलोवोरा* कैसा जीवाणु है?**

उत्तर– कायिक अंगसंवर्द्धन जनित

99. **सूक्ष्मदर्शी में काम आने स्लाइड व कवर स्लाइड का आमाप क्या होता है?**

उत्तर– स्लाइड 76×26 मी.मी.

कवर स्लाइड 25×25 या 18×18 मी.मी.

100. **गैस विसंक्रमण (स्टरलाइजेशन) में कौनसी गैस काम में ली जाती है?**

उत्तर– इथीलिन ऑक्साइड, प्रोपीलीन ऑक्साइड, फॉर्मेल्डिहाइड

101. **इनोकुलेशन सुई किसकी बनी होती है?**

उत्तर– क्रोमियम या नाइक्रोम की

102. **लेम्प (एल.ए.एम.पी.) क्या है? तथा इसकी खोज कब और किसने की?**

उत्तर– लूप मिडियेटेड आइसोथर्मल एम्प्लीफिकेशन की खोज सन् 2000 में नोटोमी ने की।

103. **वाइरॉइड के संसूचन की विधियां बताइये?**

उत्तर– (1) रिटर्न पोलीएक्रीलेमाइड जेल इलेक्ट्रॉफोरेसिस

(2) आर.टी.पीसीआर: रिवर्स ट्रांन्सक्रिप्सन पॉलीमरेज चेन रिएक्सन

(3) रियल टाइम पीसीआर

104. **सांद्रित विसंक्रमण मुख्यत: किसके लिए काम में आता है?**

उत्तर– उष्मारोधी पदार्थों जैसे विटामिन, वृद्धि नियंत्रक व कुछ एन्जाइम

105. प्याज के स्मट रोग के रोग कारक का नाम क्या है तथा लाल रंग के प्याज में यह रोग किस वजह से हानि नहीं पहुंचाती?

उत्तर– रोग कारक: *कोलेटोट्राइकम सिरक्सीनेन्स*

लाल रंग के प्याज में उपस्थित प्रोटोकेटेचुइक एसिड व केटेचोल के कारण रोगरोधी होते है।

105. जीवाणु में कौनसा उत्सर्जन तंत्र ''क्रोरम सेन्सिंग'' से सम्बन्धित है?

उत्तर– उत्सर्जन तंत्र प्रकार 2

106. ''एलीसीटर'' शब्द किसने दिया और ''एलीसीटर-रिसीप्टर'' मॉडल किस वैज्ञानिक ने प्रतिपादित किया?

उत्तर– कीन ने 1975 में ''एलीसीटर' शब्द दिया।

अल्बरशीम एवं एन्डरसन प्रॉउटी (1975) ने ''एलीसीटर-रिसीप्टर'' मॉडल प्रतिपादित किया।

107. ''विवो टॉक्सिन'' व ''पेथोटॉक्सिन'' शब्द किसने दिये?

उत्तर– वेगोनर एवं डायमण्ड (1953) में – विवोटॉक्सिन

व्हीलर एवं ल्यूक (1963) – पेथोटॉक्सिन

108. सर्वप्रथम पी.आर. प्रोटीन किसने खोजा व किस रोग तंत्र में खोजा?

उत्तर– सन् 1970 में वान लून एवं वान कामेन ने तम्बाकू में तम्बाकू मॉजेक विषाणु के संक्रमण के समय खोजा।

109. सर्वप्रथम भारत में ''पादप रोग विज्ञान'' पाठ्यक्रम किस विश्वविद्यालय में सम्मिलित किया गया?

उत्तर– मद्रास विश्वविद्यालय

110. मूँगफली में अगेती पत्ती धब्बा व पछेती पत्ती धब्बा के रोगकारक का नाम बताइये?

उत्तर– अगेती पत्ती धब्बा : *सर्कोस्पोरा अरेकिडीकोला* (एनामॉर्फ)
माइकोस्फेरेला अरेकिडिस (टिलियोमॉर्फ)

पछेती पत्तीधब्बा : *फेजेरियोपसिस परसोनाटा* (एनामॉर्फ)
माइकोस्फेरेला बर्केलेयी (टिलियोमॉर्फ)

111. चावल की तुन्ग्रों रोग किस विषाणु से होता है? तथा इसके वाहक का नाम बताइये।

उत्तर– यह रोग दो प्रकार के विषाणुओं से होता है– (1) आर.टी.बी.वी., (2) आर.टी.एस.वी.

वाहक– लीफ हॉपर – *नेफोटेटीक्स विरेसेन्स*

112. चावल के ग्रासी स्टन्ट रोग के वाहक का नाम बताइये?

उत्तर– वाहक– भूरापर्णफूदा (ब्राउन लीफ हॉपर)

वैज्ञानिक नाम– *नीलपर्वता ल्यूगेन्स*

113. चावल का ''यलोड्वारफ रोग'' किस रोगाणु से होता है?

उत्तर– फाइटोप्लाज्मा

114. विभिन्न फसलों में होने वाले तुलासिता रोग के रोगाणुओं के नाम बताइये।

उत्तर–

फसल	**रोग जनक**
प्याज	*पेरेनोस्पोरा डेस्ट्रक्टर*
सोयाबिन	*पेरेनोस्पोरा मन्सूरिका*
कुक्कुरबीट्स	*स्यूडोपेरेनोस्पोरा क्यूबेन्सिस*
मक्का का क्रेजीटॉप	*स्कलेरोप्थोरा मेक्रोस्पोरा*
क्रुसीफेरस	*हायलोपेरेनोस्पोरा पेरासीटिका*
बाजरा	*स्कलेरोस्पोरा ग्रामीनीकोला*
ज्वार/मक्का	*पेरेनोस्कलेरोस्पोरा सोरगी*
मक्का/गन्ना	*पेरेनोस्कलेरोस्पोरा सेकेरी*
मक्का	*पेरेनोस्कलेरोस्पोरा फिलीपाइनेन्सिस*
सलाद (लेट्यूस)	*ब्रेमिया लेक्टूके*

115. टमाटर में जीवाणु उखटा रोग किस जीवाणु से होता है?

उत्तर– *क्लेवीबेक्टर मिचीगानेन्सिस सबस्पिशिज मिचीगानेन्सिस*

116. चीरकी एवं फूरकी रोग कौनसी फसल में होता है?

उत्तर– बड़ी इलाइची

117. अझुकल रोग, जो कि एक विषाणु जनित रोग है किस फसल में होता हैं?

उत्तर– छोटी इलाइची

118. **''वीवोटोक्सिन'' शब्द किसने दिया व इसका एक उदाहरण दीजिए।**

उत्तर– वीवोटोक्सिन शब्द डायमण्ड व वेगनर ने 1953 में दिया।

उदाहरण– यूजेरिक अम्ल, पाइरीकुलेरिन

119. **''पेथोटॉक्सिन'' शब्द किसने दिया। इसका एक उदाहरण दीजिए।**

उत्तर– व्हीलर एवं ल्यूक ने (1963)

उदाहरण– टेबटॉक्सिन एवं विक्टोरिन

120. **कोई दो प्रतिविषाणु प्रोटीन के नाम बताइये**

उत्तर– (1) पोकवीड प्रतिविषाणु प्रोटीन (पी.ए.पी.)

(2) जिंक – फिन्गार प्रतिविषाणु प्रोटीन

121. **''जीन फोर जीन'' सिद्धान्त किस पादप पर दिया गया?**

उत्तर– अलसी

122. **''सिडार एप्पल रस्ट'' किसके द्वारा होता है?**

उत्तर– कवक– *जिम्नोस्पोरेन्जियम जूनीपेरी – विरजिनीयाने*

123. **'स्लाइम मोल्ड' किस फाइलम में आते है?**

उत्तर– मिक्सोमाइकोटा

124. **'अन्त: परजीवी स्लाइम मोल्ड' किस फाइलम में आते है एक उदाहरण दीजिए।**

उत्तर– प्लाज्मोडियोफोरोमाइकोटा

उदाहरण– *प्लाज्मेडियोफोरा ब्रासिके*

125. **प्लाजमोडियोफोरा, जो कि एक अन्त: परजीवी स्लाइम मोल्ड है किस पादप में रोग पैदा करता है?**

उत्तर– क्रुसीफेरी कुल के पादपों में

126. **टमाटर में पछेती अंगमारी रोग किस कवक से होता है?**

उत्तर– *फाइटोथोरा इन्फेसटान्स* से

127. **किस कवक में राइजोइड्स नामक विशिष्ट संरचना पायी जाती है?**

उत्तर– राइजोपस में

128. **अंगूर में मृदुरोमिल आसिता किससे होता है?**

उत्तर– *प्लाज्मोपारा विटीकोला* से

129. **केले में सिगाटोका रोग किस कवक से होता है?**

उत्तर– काला सिगाटोका– *माइकोस्फेरेला फिजिएन्सिस*

पीला सिगाटोका– *माइकोस्फेरेला म्यूजिकोला*

130. **बाजरे का कण्ड किस प्रकार का रोग है?**

उत्तर– बीजोढ़ व मृदोढ़

131. **गन्ने का 'विप कण्ड' किससे फैलता है?**

उत्तर– *अस्टिलागो सिटामिनिया*

132. **बाजरा रस्ट का वैकल्पिक पोषी क्या है?**

उत्तर– बैंगन

133. **छत्रक किस गण में आते है?**

उत्तर– अगेरिकेल्स में

134. **गेहूँ के 'ब्लेक रस्ट' में शून्य अवस्था का नाम क्या है?**

उत्तर– पिक्निडियोस्पोर

135. **कौनसा छत्रक सबसे जहरीला होता है?**

उत्तर– *अमेनिटा फिलॉइड्स*

136. **माइकोराइजा नामक सम्बन्ध किन–किन के मध्य होता है?**

उत्तर– कवक व उच्च पादप की जड़ें

137. **लाइकेन्स नामक सम्बन्ध किन–किन के मध्य होता है?**

उत्तर– कवक व शैवाल के मध्य

138. **अत्यधिक कोशिका विभाजन से परपोषी उत्तकों की बढ़ोत्तरी क्या कहलाती है?**

उत्तर– हाइपरप्लासिया

139. **अत्यधिक कोशिका आकार वृद्धि से परपोषी उत्तकों की बढ़ोतरी क्या कहलाती है?**

उत्तर– हाइपरट्रॉफी

140. **हवा द्वारा रोगजनकों का फैलना क्या कहलाता है?**

उत्तर– एनीमोकोरी

141. **किस प्रकार के रोग में 'संवहन पूल' भूरे रंग के हो जाते है?**

उत्तर– म्लानि या विल्ट में

142. **'डच नियम' कब और किसने दिये ?**

उत्तर– वेन एवरडिनजन ने सन् 1933 में

143. **भारत में प्रमुख कल्चर कलेक्शन केन्द्रों के नाम बताओ ?**

उत्तर– (1) इन्डियन टाइप कल्चर कलेक्शन – नई दिल्ली

(2) नेशनल फंगल कल्चर कलेक्शन – पुणे

(3) माइक्रोबियल टाइप कल्चर कलेक्शन – चंडीगढ़

144. **'चेस्ट नट यौगिक' फंफूदनाशी में कॉपर सल्फेट व अमोनियम सल्फेट का अनुपात क्या है ?**

उत्तर– 2:11

145. **किस कुल के कवकों में पट रहित कवक जाल पाया जाता है ?**

उत्तर– उमाइसिट्स में

146. **किस क्लास के फफूंद में नग्न एसाई पाये जाते है ?**

उत्तर– लोक्यूलोएस्कोमाइसिट्स

147. **आलू का ब्लेक हर्ट रोग किसकी कमी से होता है ?**

उत्तर– ऑक्सीजन की कमी

148. **'बूम एवं बस्ट चक्र' रोग रोधिता के लिए किसके द्वारा दिया गया ?**

उत्तर– प्रिस्टले

149. **ऐसा रोग जो अपना रोगचक्र एक वर्ष से अधिक समय में पूरा करता है, कहलाता है ?**

उत्तर– पॉलीएटिक

150. **माइकोराईजा द्वारा कौनसे पोषक तत्त्व का स्थिरीकरण किया जाता है ?**

उत्तर– फॉस्फोरस

151. **'क्रिजेक अवस्था' किस रोग में पायी जाती है ?**

उत्तर– चावल का जीवाणु पत्ती झुलसा रोग

152. **अरहर का बंध्यता मौजेक रोग का वाहक कौन है ?**

उत्तर– इरियोफिड माइड (*असेरिया कजानी*)

153. **कपास का लाल पत्ती रोग किसकी कमी से होता है ?**

उत्तर– मैग्निशियम

154. तिल का फिलोडी रोग किस कारण होता है?

उत्तर– फाइटोप्लाज्मा से

155. तिल के फिलोडी रोग के वाहक का नाम क्या है?

उत्तर– पर्णफुदका (*ओरोसियस एल्बिसिंक्टस*)

156. सही मिलान करो–

	वाहक कवक	**विषाणु रोग**
(अ)	*ओल्पीडीयम ब्रासिके*	सलाद वृद्धशिरा रोग
(ब)	*पोलीमिक्सा ग्रामिनिस*	जौ का पीत मौजेक व गेहूं का मौजेक रोग
(स)	*सिनसाइट्रीयम एन्डोबायोटीकम*	आलू का 'X' विषाणु रोग
(द)	*ऑल्पीडियम कुक्कुरबिटेसिएरम*	कुक्कुम्बर नेक्रोसिस रोग

157. बर्गुन्डी मिश्रण की खोज कब और किसने की?

उत्तर– मेसोन (1887)

158. बर्गुन्डी मिश्रण के घटक क्या है?

उत्तर– कॉपर सल्फेट तथा सोडियम कार्बोनेट (1:1) को 100 लीटर पानी में मिलाकर बनाते है।

159. चौबटिया लेप की खोज कब और किसने की इसके महत्त्वपूर्ण घटक क्या है?

उत्तर– सिंह (1942)

कॉपर कार्बोनेट (800 ग्राम), लाल शीशा (800 ग्राम), अलसी का तेल (1 लीटर)

160. छाछ्या रोग के प्रबन्धन के लिए सबसे अच्छा फफूंदनाशी कौनसा है?

उत्तर– डाइनोकेप

161. *ट्राइकोडर्मा विरिडे* से उत्पन्न प्रतिजैविक के नाम बताइये?

उत्तर– ट्राईकोडर्मिन, डर्मेडीन, ट्राईकोविरीडीन

162. एक पी.पी.एम. विलयन कैसे बनाया जाता है?

उत्तर– एक मिलीग्राम पदार्थ को एक लीटर पानी में घोलने पर एक पी.पी.एम. विलयन बनता है।

163. **आधुनिक पादप रोग विज्ञान एवं कवक विज्ञान के पितामह कौन है?**
उत्तर– इ.जे. बटलर

164. **इंडियन फाइटोपैथोलोजी के प्रथम अध्यक्ष कौन थे?**
उत्तर– प्रो. जे.एफ. दस्तुर

165. **''जेनेरा ऑफ यूरिडिनेल्स ऑफ द वर्ल्ड'' एवं ''अल्टीलेजिनेल्स ऑफ इंडिया'' के लेखक कौन है?**
उत्तर– डॉ. एम.जे. थिरूमलाचार

166. **भारत में सर्वप्रथम पादप रोग विज्ञान में स्नातकोत्तर पाठ्यक्रम शुरू कहां हुआ?**
उत्तर– राजकीय कृषि महाविद्यालय, कानपुर (आगरा कृषि विश्वविद्यालय- 1945)

167. **भारत की किस प्राचीन पुस्तक में पादप रोगों एवं उनकी रोकथाम के उपाय बताये गये है?**
उत्तर– वृक्षायुर्वेद (सूरापाल)

168. **डच एल्म रोग किससे होता है?**
उत्तर– फफूंद (*ऑफियोस्टोमा अल्मी*)

169. **राजस्थान में जीरे का झुलसा रोग का कारण है?**
उत्तर– *अल्टरनेरिया ब्रुन्साई*

170. **टेब विष किससे उत्पादित होता है?**
उत्तर– जीवाणु- *स्यूडोमोनास सिरीन्जी पी.वी. टेबेसी*

171. **'बेक्टिरिया इन रिलेशन टू प्लान्ट डिसिसेज' के लेखक कौन है?**
उत्तर– ई.एफ. स्मिथ

172. **डायरेक्टरेट ऑफ प्लांट प्रोटेक्शन एवं क्वारूटाइन का मुख्यालय कहां पर है?**
उत्तर– फरीदाबाद (हरियाणा)

173. **बेर की चूर्णित आसिता रोग का रोगकारक क्या है?**
उत्तर– फफूंद-*ऑइडियम एरीसिफोइड*

174. **धनिये का तना गांठ रोग किससे होता है?**
उत्तर– फफूंद- *प्रोटोमाइसिस मेक्रोस्पोरस*

175. **जैवरोधी सूक्ष्मजीव का उदाहरण दीजिए?**

उत्तर– *ट्राईकोडर्मा हारजियानम, ट्राईकोडर्मा विरिडी, बेसिलस फर्मस, स्यूडोमॉनास लूओरोसेन्स*

176. **जैवरोधी फफूंद या मित्र फफूंद की बीज उपचार की मात्रा क्यों होती है?**

उत्तर– 4–6 ग्राम प्रति किलोग्राम बीज

177. **पादप रोग कारक की पहचान के लिए सबसे आधुनिक एवं कम समय लेने वाली विधि कौनसी है?**

उत्तर– रीयल टाइम पी.सी.आर.

178. **पर्यावरण मानको पर आधारित कम्प्यूटर सिमूलेशन मॉडल ''एपीवेन'' या इ.पी.इ.वी.ई.एन. किस रोग की भविष्यवाणी करने के काम आता है?**

उत्तर– सेब का स्केब रोग

179. **सेब का स्केब रोग का रोगकारक क्या है?**

उत्तर– *वेन्चूरिया इनेक्विलिस*

180. **विश्व में सर्वाधिक लोकप्रिय खाद्य मशरूम कौनसा है?**

उत्तर– *एगेरिकस बाइस्पोरस* (बटन मशरूम)

181. **डायरेक्टरेट ऑफ मशरूम रिसर्च कहां है?**

उत्तर– सोलन (हिमाचल प्रदेश)

182. **कैन्सर रोधी लोकप्रिय औषधिय मशरूम कौनसी है?**

उत्तर– लेन्टिनूला इडोडस

183. **चीन में इस मशरूम को अधिकतर बीमारियों के इलाज में काम में लिया जाता है?**

उत्तर– *गेनोडर्मा ल्यूसिडम*

184. **''अरगट'' किस फफूंद से होता है?**

उत्तर– *क्लेविसेप्स परपूरिया*

185. **''अरगट'' में कौनसा एल्केलाइड पाया जाता है?**

उत्तर– एल.एस.डी. (लाइसरजिक एसिड डाइएथिलएमाइड)

186. **टाईप–प्रथम सिक्रेशन सिस्टम किस प्रकार के जीवाणुओं में पाया जाता है?**

उत्तर– सभी पादप रोगकारी जीवाणुओं में

187. **टाईप–द्वितीय उत्सर्जन तंत्र किसमें पाया जाता है?**

उत्तर– ग्राम नकारात्मक जीवाणुओं में

188. **मुख्यत: पादप रोगकारी जीवाणु होते है?**
उत्तर– मृदा आक्रमणकारी

189. **बीज रोग विज्ञान के जनक कौन है?**
उत्तर– पॉल नीरगॉर्ड

190. **विश्व की प्रथम बीज स्वास्थ्य जाँच प्रयोगशाला कहाँ बनी?**
उत्तर– नीदरलैण्ड

191. **प्रसिद्ध पुस्तक 'पादप रोग विज्ञान' के लेखक कौन है?**
उत्तर– जी. एन. एगरीओज

192. **'पादप रोग विज्ञान' जो कि मुख्यत: एगरीओज के नाम से जानी जाती है, का पांचवां संस्करण कब प्रकाशित हुआ?**
उत्तर– 2005 में

193. **पी.आर. प्रोटीन का पूरा नाम क्या है?**
उत्तर– पेथोजेनेसिस रिलेटेड प्रोटीन

194. **पी. आर. प्रोटीन की कितनी ग्रुप है?**
उत्तर– 17

195. **काइटिनेज जैसे गुण वाली पी.आर. प्रोटीन कौनसी है?**
उत्तर– पी.आर.-3, पी.आर.-4, पी.आर.-8 और पी.आर.-11

196. **टमाटर में जीवाणु उखटा रोग किस जीवाणु से होता है?**
उत्तर– *क्लेवीबेक्टर मीचीगानेन्सिस सबस्पिशीज मिचिगानेन्सिस*

197. **गेहूँ के निर्यात में कौनसी बीमारी एक गंभीर समस्या है?**
उत्तर– करनाल बंट

198. **करनाल बंट की खोज कब और किसने की?**
उत्तर– मनोरंजन मित्तरा ने 1931 में

199. **जीवाणु के एफ कारक को किस नाम से जाना जाता हैं ?**
उत्तर– एपीजोम

200. **प्लाजमिड शब्द किसने दिया?**
उत्तर– लेडरबर्ग ने 1952 में।

○○○

भाग–4

चित्रावली

चित्रावली

बाजरा– जोगिया (*ग्रीन ईयर*)

बाजरा– पत्ती धब्बा (*ब्लास्ट*)

चंवला– पत्ती धब्बा

मूंग– *वेक्टीरियल ब्लाइट*

ग्वार– उखठा (*विल्ट*)

ग्वार– शुष्क जड़ गलन (*ड्राई रूट रोट*)

धनियाँ– उखठा (*विल्ट*)

छाछ्या– (*पाउडरी मिल्ड्यू*)

मिर्ची – उकठा

तिल– फिल्लौडी

मूंगफली– पछेती पत्ती धब्बा या टिक्का रोग

सरसों– श्वेत किटट् या सफेद रतुआ (*व्हाईट रस्ट*)

बेर– छाछ्या (*पाउडरी मिल्ड्यू*)

ईसबगोल– तुलासिता (*डाऊनी मिल्ड्यू*)

मूँग– विषाणु मौजेक

डाईबेक (एन्थ्रेक्नोज)

सही फसल चक्र

बाजरा ⟶ ग्वार/मूंग/मोठ ⟶ बाजरा

रायड़ा ⟶ जीरा ⟶ गेहूँ

फसल चक्र

गर्मी की जुताई

○○○